| 1 |
|---|
| 2 | 3 |
| 4 |

1. 音乐 CD 封面
2. 薯片包装立体效果
3. 洗衣机海报
4. 唱片 CD 封面设计

| 1 | 2 |
|---|---|
| 3 | 4 |
| 5 | 6 |

1. 圣诞贺卡背面
2. 夏日派对海报设计
3. 咖啡广告
4. 中国古玉鉴别书籍封面
5. 体验卡
6. 杂志封面设计

1. 数码栏目设计
2. 中秋贺卡背面
3. 中秋贺卡正面
4. 美食栏目设计
5. 慕斯网页设计
6. 家居网页设计
7. 圣诞节贺卡正面

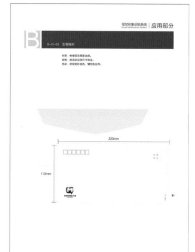

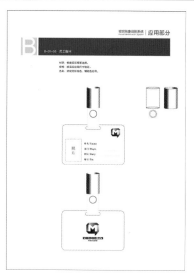

| 1 | 2 | 3 |
|---|---|---|
| 4 | | |
| 5 | | 6 |
| 7 | | 8 |

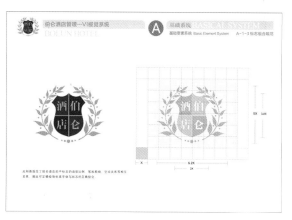

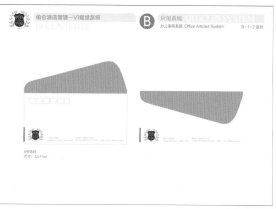

# 平面设计制作**标准教程**
# Photoshop CC
# +CorelDRAW X7
## 微课版

互联网＋数字艺术教育研究院 策划

周建国 主编

人民邮电出版社

北京

**图书在版编目（CIP）数据**

平面设计制作标准教程：Photoshop CC+CorelDRAW
X7：微课版 / 周建国主编. -- 北京：人民邮电出版社，
2016.3
ISBN 978-7-115-41343-7

Ⅰ. ①平… Ⅱ. ①周… Ⅲ. ①平面设计－图形软件－
教材 Ⅳ. ①TP391.41

中国版本图书馆CIP数据核字(2016)第025798号

## 内 容 提 要

Photoshop 和 CorelDRAW 均是当今流行的图像处理和矢量图形设计软件，被广泛应用于平面设计、包装装潢、彩色出版等领域。

本书根据本科院校教师和学生的实际需求，以平面设计的典型应用为主线，通过多个精彩实用的案例，全面细致地讲解如何利用 Photoshop 和 CorelDRAW 来完成专业的平面设计项目，使学生能够在掌握软件功能和制作技巧的基础上获得设计灵感，开拓设计思路，提高设计能力。

本书适合作为高等院校"数字媒体艺术"专业课程的教材，也可供 Photoshop 和 CorelDRAW 的初学者及有一定平面设计经验的读者阅读，同时适合作为培训班 Photoshop 和 CorelDRAW 平面设计课程的教材。

◆ 主　　编　周建国
　　责任编辑　邹文波
　　执行编辑　吴　婷
　　责任印制　彭志环

◆ 人民邮电出版社出版发行　　北京市丰台区成寿寺路 11 号
　　邮编　100164　　电子邮件　315@ptpress.com.cn
　　网址　http://www.ptpress.com.cn
　　三河市海波印务有限公司印刷

◆ 开本：787×1092　1/16　　　　彩插：2
　　印张：19.5　　　　　　　　　2016 年 3 月第 1 版
　　字数：563 千字　　　　　　　2016 年 3 月河北第 1 次印刷

定价：45.00 元

读者服务热线：(010)81055256　印装质量热线：(010)81055316
反盗版热线：(010)81055315

# 前言　FOREWORDS

## 编写目的

Photoshop 和 CorelDRAW 自推出之日起就深受图形图像爱好者和平面设计人员的喜爱，是当今流行的图像处理和矢量图形设计软件，被广泛应用于平面设计、包装装潢、彩色出版等诸多领域。为了帮助读者更好地利用 Photoshop 和 CorelDRAW 的优势，出色地完成平面设计作品，人民邮电出版社充分发挥在线教育方面的技术优势、内容优势、人才优势，潜心研究，为读者提供一种"纸质图书+在线课程"相配套，全方位学习 Photoshop 和 CorelDRAW 软件的解决方案。读者可根据个人需求，利用图书和"微课云课堂"平台上的在线课程进行碎片化、移动化的学习，以便快速全面地掌握 Photoshop 和 CorelDRAW 软件以及与二者相关联的其他软件。

## 平台支撑

"微课云课堂"目前包含近 50000 个微课视频，在资源展现上分为"微课云""云课堂"这两种形式。"微课云"是该平台中所有微课的集中展示区，用户可随需选择；"云课堂"是在现有微课云的基础上，为用户组建的推荐课程群，用户可以在"云课堂"中按推荐的课程进行系统化学习，或者将"微课云"中的内容进行自由组合，定制符合自己需求的课程。

◇　"微课云课堂"主要特点

**微课资源海量，持续不断更新：**"微课云课堂"充分利用了出版社在信息技术领域的优势，以人民邮电出版社 60 多年的发展积累为基础，将资源经过分类、整理、加工以及微课化之后提供给用户。

**资源精心分类，方便自主学习：**"微课云课堂"相当于一个庞大的微课视频资源库，按照门类进行一级和二级分类，以及难度等级分类，不同专业、不同层次的用户均可以在平台中搜索自己需要或者感兴趣的内容资源。

**多终端自适应，碎片化移动化：**绝大部分微课时长不超过十分钟，可以满足读者碎片化学习的需要；平台支持多终端自适应显示，除了在 PC 端使用外，用户还可以在移动端随心所欲地进行学习。

◇　"微课云课堂"使用方法

扫描封面上的二维码或者直接登录"微课云课堂"（www.ryweike.com）→用手机号码注册→在用户中心输入本书激活码（6015ce24），将本书包含的微课资源添加到个人账户，获取永久在线观看本课程微课视频的权限。

# FOREWORDS

此外，购买本书的读者还将获得一年期价值 168 元的 VIP 会员资格，可免费学习 50000 微课视频。

## 内容特点

本书以平面设计的典型应用为主线，通过多个精彩实用的案例，全面系统地讲解如何利用 Photoshop 和 CorelDRAW 来完成专业平面设计项目的方法。

**商业案例：**精心挑选来自平面设计公司的商业案例，对 Photoshop 和 CorelDRAW 结合使用的方法和技巧进行了深入的分析，并融入实战经验和相关知识，详细地讲解了案例的操作步骤和技法，力求使读者在掌握软件功能和制作技巧的基础上，能够开拓设计思路、提高设计能力。

**课后习题：**为帮助读者巩固所学知识，拓展读者的实际应用能力，设置了难度略为提升的课后习题。

## 学时安排

本书的参考学时为 60 学时，讲授环节为 36 学时，实训环节为 24 学时。各章的参考学时参见以下学时分配表。

| 章 | 课程内容 | 学时分配 | |
|---|---|---|---|
| | | 讲 授 | 实 训 |
| 第 1 章 | 平面设计的基础知识 | 1 | |
| 第 2 章 | 设计软件的基础知识 | 2 | |
| 第 3 章 | 标志设计 | 2 | 2 |
| 第 4 章 | 卡片设计 | 3 | 2 |
| 第 5 章 | 书籍装帧设计 | 3 | 2 |
| 第 6 章 | 唱片封面设计 | 3 | 2 |
| 第 7 章 | 室内平面图设计 | 4 | 2 |
| 第 8 章 | 宣传单设计 | 2 | 2 |
| 第 9 章 | 广告设计 | 2 | 2 |
| 第 10 章 | 海报设计 | 2 | 2 |
| 第 11 章 | 杂志设计 | 3 | 2 |
| 第 12 章 | 包装设计 | 3 | 2 |
| 第 13 章 | 网页设计 | 2 | 2 |
| 第 14 章 | VI 设计 | 4 | 2 |
| 课 时 总 计 | | 36 | 24 |

## 资源下载

为方便读者线下学习及教学，本书提供书中所有案例的微课视频、基本素材和效果文件，以及教学大纲、PPT 课件、教学教案等资料，用户可通过扫描封面二维码进入课程界面进行下载。

## 致　　谢

本书由互联网+数字艺术教育研究院策划，由周建国任主编，相关专业制作公司的设计师为本书提供了很多精彩的商业案例，在此表示感谢。

编　者
2015 年 10 月

# 目录    CONTENT

# CONTENT

# CONTENT

# CONTENT

# Chapter

# 1

## 第 1 章
## 平面设计的基础知识

本章主要介绍了平面设计的基础知识，其中包括平面设计的专业理论知识、平面设计的行业制作规范以及平面设计的软件应用知识和技巧等内容。作为一个平面设计师，只有全面了解和掌握平面设计的基础知识，才能更好地完成平面设计的创意和设计制作任务。

**课堂学习目标**

- 了解平面设计的基本概念和项目分类
- 了解平面设计的基本要素和常用尺寸
- 了解平面设计软件的应用和工作流程

# 1.1 平面设计的基本概念

1922 年，美国人威廉· 艾迪生· 德威金斯最早提出和使用了"平面设计（graphic design）"这个词。20 世纪 70 年代，设计艺术得到了充分发展，"平面设计"成为国际设计界认可的术语。

平面设计是一个涉及经济学、信息学、心理学和设计学等领域的创造性视觉艺术学科。它通过二维空间进行表现，通过图形、文字、色彩等元素的编排和设计来进行视觉沟通和信息传达。平面设计的形式表现和媒介使用主要是印刷或平面的。平面设计师可以利用专业知识和技术来完成创作计划。

# 1.2 平面设计的项目分类

目前常见的平面设计项目可以归纳为七大类：广告设计、书籍设计、刊物设计、包装设计、网页设计、标志设计和 VI 设计。

## 1.2.1 广告设计

在现代社会中，信息传递的速度日益加快，传播方式多种多样。广告凭借着各种信息传递媒介充斥着人们日常生活的方方面面，已成为社会生活中不可缺少的一部分。与此同时，广告艺术也凭借着异彩纷呈的表现形式、丰富多彩的内容信息以及快捷便利的传播条件，强有力地冲击着我们的视听神经。

广告一词的英语为 Advertisement，最早从拉丁文 Adverture 演化而来，其含义是"吸引人注意"。通俗意义上讲，广告即广而告之。不仅如此，广告还同时包含两方面的含义：从广义上讲是指向公众通知某一件事并最终达到广而告之的目的；从狭义上讲，广告主要指营利性的广告，即广告主为了某种特定的需要，通过一定形式的媒介，耗费一定的费用，公开而广泛地向公众传递某种信息并最终从中获利的宣传手段。

广告设计是通过图像、文字、色彩、版面、图形等视觉元素，结合广告媒体的使用特征构成的艺术表现形式，是为了实现传达广告目的和意图的艺术创意设计。

平面广告的类别主要包括 DM 直邮广告、POP 广告、杂志广告、报纸广告、招贴广告、网络广告和户外广告等。广告设计的效果示例如图 1-1 所示。

图 1-1

## 1.2.2 书籍设计

书籍是人类思想交流、知识传播、经验宣传、文化积累的重要依托，承载着古今中外的智慧结晶，而书籍设计的艺术领域更是丰富多彩。

书籍设计（book design），又称作书籍装帧设计，是指书籍的整体策划及造型设计。策划和设计过程包含了印前、印中、印后对书的形态与传达效果的分析。它包括的内容很多，是包含开本、封面、扉页、字体、版面、插图、护封以及纸张、印刷、装订和材料的艺术设计。书籍设计属于平面设计范畴。

关于书籍的分类，有许多种方法，但由于标准不同，分类也就不同。一般而言，我们按书籍的内容涉及的范围来分类，可分为文学艺术类、少儿动漫类、生活休闲类、人文科学类、科学技术类、经营管理类、医疗教育类等。书籍设计的效果示例如图 1-2 所示。

图 1-2

### 1.2.3　刊物设计

刊物是经过装订且带有封面的定期出版物（期刊，也称杂志，个别的也有不定期出版的），同时刊物也是大众类印刷媒体之一。这种媒体形式最早出现在德国，但在当时杂志与报纸并无太大区别，随着科技发展和生活水平的不断提高，杂志开始与报纸越来越不一样，其内容也愈加偏重专题、质量、深度，而非时效性。

杂志的读者群体有其特定性和固定性，所以杂志媒体对特定的人群更具有针对性，例如进行专业性较强的行业信息交流。正是由于这种特点，杂志内容的传播效率相对比较精准。同时，由于杂志大多为月刊和半月刊，注重内容质量的打造，所以比报纸的保存时间要长很多。

杂志在设计时所依据的规格主要是参照杂志的样本和开本进行版面划分，其设计的艺术风格、设计元素和设计色彩都要和刊物本身的定位相呼应。由于杂志一般会选用质量较好的纸张进行印刷，所以图片印刷质量高、细腻光滑，画面图像的印刷工艺精美、还原效果好、视觉形象清晰。

杂志类媒体分为消费者杂志、专业性杂志、行业性杂志等不同类别。具体包括财经杂志、IT 杂志、动漫杂志、家居杂志、健康杂志、教育杂志、旅游杂志、美食杂志、汽车杂志、人物杂志、时尚杂志、数码杂志等。刊物设计的效果示例如图 1-3 所示。

图 1-3

### 1.2.4 包装设计

包装设计是艺术设计与科学技术相结合的设计，是技术、艺术、设计、材料、经济、管理、心理、市场等多功能综合要素的体现，是多学科融会贯通的一门综合学科。

包装设计的广义概念是指包装的整体策划工程，其主要内容包括包装方法的设计、包装材料的设计、视觉传达设计、包装机械的设计与应用、包装试验、包装成本的设计及包装的管理等。

包装设计的狭义概念是指选用适合商品的包装材料，运用巧妙的制造工艺手段，使之利于整合容纳、保护产品、方便储运、优化形象、传达属性和促进销售，为商品进行的容器结构功能化设计和形象化视觉造型设计。

包装设计按商品内容分类，可以分为日用品包装、食品包装、烟酒包装、化妆品包装、医药包装、文体包装、工艺品包装、化学品包装、五金家电包装、纺织品包装、儿童玩具包装、土特产包装等。包装设计的效果示例如图 1-4 所示。

图 1-4

### 1.2.5 网页设计

网页设计是根据网站所要表达的主旨，将网站信息进行整合归纳后所进行的版面编排和美化设计。通过网页设计使网页信息更有条理，页面更具有美感，从而提高网页的信息传达和阅读效率。对于网页设计者来说，要掌握平面设计的基础理论和设计技巧并熟悉网页配色、网站风格、网页制作技术等网页设计知识，制作出符合项目设计需求的艺术化和人性化的网页。

根据网页的不同属性，可将网页分为商业性网页、综合性网页、娱乐性网页、文化性网页、行业性网页、区域性网页等类型。网页设计的效果示例如图 1-5 所示。

图 1-5

图 1-5（续）

### 1.2.6　标志设计

标志是具有象征意义的视觉符号。它借助图形和文字的巧妙设计组合，艺术地传递出某种信息，表达某种特殊的含义。标志设计是将具体的事物和抽象的精神通过特定的图形和符号固定下来，使人们在看到标志设计的同时自然地产生联想，从而对企业理念产生认同。对于一个企业而言，标志渗透到了企业运营的各个环节，例如日常经营活动、广告宣传、对外交流、文化建设等。作为企业的无形资产，它的价值随同企业的增值而不断累积提高。

标志按功能分类，可以分为政府标志、机构标志、城市标志、商业标志、纪念标志、文化标志、环境标志、交通标志等。标志设计的效果示例如图 1-6 所示。

图 1-6

### 1.2.7　VI 设计

VI（Visual Identity）设计即企业视觉识别。企业视觉识别是指以建立企业的理念识别为基础，将企业理念、企业使命、企业价值观、经营理念变为静态的具体识别符号，并进行具体化、视觉化的传播。具体是指通过各种媒体将企业形象广告、标志、产品包装等有计划地传递给社会公众，树立企业整体统一的识别形象。

VI 是 CI（企业形象识别）中项目最多、层面最广、效果最直接的向社会传递信息的部分，最具有传播力和感染力，也最容易被公众所接受，在短期内获得的影响也最明显。社会公众可以一目了然地掌握企业的信息，产生认同感，进而达到企业识别的目的。VI 能使企业及其产品在市场中获得较强的竞争力。

VI 视觉识别主要由两大部分组成，即基础识别部分和应用识别部分。其中，基础识别部分主要包括企业标志设计、标准字体与印刷专用字体设计、色彩系统设计、辅助图形、品牌角色（吉祥物）等。应用识别部分包括办公系统、标识系统、广告系统、旗帜系统、服饰系统、交通系列、展示系统等。VI 视觉识别设计效果示例如图 1-7 所示。

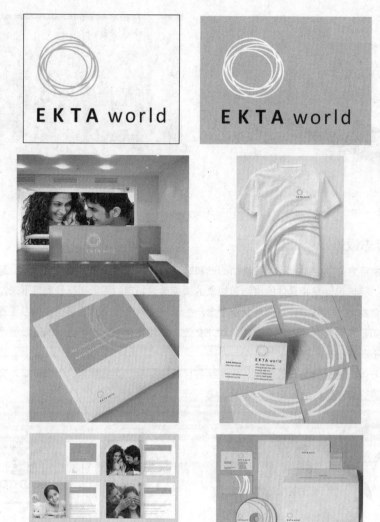

图 1-7

# 1.3 平面设计的基本要素

　　平面设计作品的基本要素主要包括图形、文字及色彩，这 3 个要素的组合组成了一组完整的平面设计作品。每个要素在平面设计作品中都起到了举足轻重的作用，3 个要素之间的相互影响和各种不同变化都会使平面设计作品产生更加丰富的视觉效果。

## 1.3.1 图形

　　通常，人们在观看一幅平面设计作品的时候，首先注意到的是图片，其次是标题，最后才是正文。如果说标题和正文作为符号化的文字受地域和语言背景限制的话，那么图形信息的传递则不受国家、民族、种族、语言的限制，它是一种通行于世界的语言，具有广泛的传播性。因此，图形创意策划的选择直接关系到平面设计作品的成败。图形的设计也是整个设计内容最直观的体现，它最大限度地表现了作品的主题和内涵。图形效果示例如图 1-8 所示。

图 1-8

### 1.3.2　文字

文字是最基本的信息传递符号。在平面设计工作中，相对于图形而言，文字的设计安排也占有相当重要的地位，是体现内容传播功能最直接的形式。在平面设计作品中，文字的字体造型和构图编排恰当与否都直接影响到作品的诉求效果和视觉表现力。文字效果示例如图 1-9 所示。

图 1-9

### 1.3.3　色彩

平面设计作品给人的整体感受取决于作品画面的整体色彩。色彩作为平面设计组成的重要因素之一，色彩的色调与搭配受宣传主题、企业形象、推广地域等因素的共同影响。因此，在平面设计中要考虑消费者对颜色的一些固定心理感受以及相关的地域文化。色彩效果示例如图 1-10 所示。

图 1-10

# 1.4 平面设计的常用尺寸

在设计制作平面设计作品之前，平面设计师一定要了解并掌握印刷常用纸张开数和常见开本尺寸，还要熟悉常用的平面设计作品尺寸。下面通过表格来介绍相关内容。

### 1.4.1 印刷常用纸张开数 单位：mm×mm

| 正度纸张：787×1092 | | 大度纸张：889×1194 | |
|---|---|---|---|
| 开数（正） | 尺寸 | 开数（大） | 尺寸 |
| 全开 | 781×1086 | 全开 | 844×1162 |
| 2 开 | 530×760 | 2 开 | 581×844 |
| 3 开 | 362×781 | 3 开 | 387×844 |
| 4 开 | 390×543 | 4 开 | 422×581 |
| 6 开 | 362×390 | 6 开 | 387×422 |
| 8 开 | 271×390 | 8 开 | 290×422 |
| 16 开 | 195×271 | 16 开 | 211×290 |
| 32 开 | 135×195 | 32 开 | 211×145 |
| 64 开 | 97×135 | 64 开 | 105×145 |

### 1.4.2 印刷常见开本尺寸 单位：mm×mm

| 正度开本：787×1092 | | 大度开本：889×1194 | |
|---|---|---|---|
| 开数（正） | 尺寸 | 开数（大） | 尺寸 |
| 2 开 | 520×740 | 2 开 | 570×840 |
| 4 开 | 370×520 | 4 开 | 420×570 |
| 8 开 | 260×370 | 8 开 | 285×420 |
| 16 开 | 185×260 | 16 开 | 210×285 |
| 32 开 | 185×130 | 32 开 | 220×142 |
| 64 开 | 92×130 | 64 开 | 110×142 |

### 1.4.3 名片设计的常用尺寸 单位：mm×mm

| 类别 | 方角 | 圆角 |
|---|---|---|
| 横版 | 90×55 | 85×54 |
| 竖版 | 50×90 | 54×85 |
| 方版 | 90×90 | 90×95 |

### 1.4.4 其他常用的设计尺寸 单位：mm×mm

| 类别 | 标准尺寸 | 4 开 | 8 开 | 16 开 |
|---|---|---|---|---|
| 招贴画 | 540×380 | | | |
| 普通宣传册 | | | | 210×285 |

续表

| 类别 | 标准尺寸 | 4 开 | 8 开 | 16 开 |
|---|---|---|---|---|
| 三折页广告 | | | | 210×285 |
| 手提袋 | 400×285×80 | | | |
| 文件封套 | 220×305 | | | |
| 信纸、便条 | 185×260 | | | 210×285 |
| 挂旗 | | 540×380 | 376×265 | |
| IC 卡 | 85×54 | | | |

## 1.5　平面设计软件的应用

目前在平面设计工作中经常使用的主流软件有 Photoshop 和 CorelDRAW，这两款软件都有鲜明的功能特色。要想根据创意制作出完美的平面设计作品，就需要熟练使用这两款软件，并能很好地利用不同软件的优势，将其巧妙地结合使用。

### 1.5.1　Adobe Photoshop

Photoshop 是 Adobe 公司出品的最强大的图像处理软件之一，是集编辑修饰、制作处理、创意编排以及图像输入与输出于一体的图形图像处理软件，深受平面设计人员、电脑（计算机）艺术和摄影爱好者的喜爱。Photoshop 通过软件版本升级使功能不断完善，是迄今为止世界上最畅销的图像处理软件，已成为许多涉及图像处理行业的标准。Photoshop 软件启动界面如图 1-11 所示。

图 1-11

Photoshop 的主要功能包括绘制和编辑选区、绘制和修饰图像、绘制图形及路径、调整图像的色彩和色调、图层的应用、文字的使用、通道和蒙版的使用、滤镜及动作的应用。这些功能可以全面辅助平面设计作品的创意与制作。

Photoshop 适合完成的平面设计任务包括图像抠像、图像调色、图像特效、文字特效、插图设计等。

### 1.5.2 CorelDRAW

CorelDRAW 是由加拿大的 Corel 公司开发的集矢量图形设计、印刷排版、文字编辑处理和图形输出于一体的平面设计软件。CorelDRAW 软件是丰富的创作力与强大功能的完美结合，它深受平面设计师、插画师和版式编排人员的喜爱，已经成为设计师的必备工具。CorelDRAW 软件启动界面如图 1-12 所示。

图 1-12

CorelDRAW 的主要功能包括绘制和编辑图形、绘制和编辑曲线、编辑轮廓线与填充颜色、排列和组合对象、编辑文本、编辑位图和应用特殊效果。这些功能可以全面地辅助平面设计作品的创意与制作。

CorelDRAW 适合完成的平面设计任务包括标志设计、图表设计、模型绘制、插图设计、单页设计排版、折页设计排版、分色输出等。

## 1.6 平面设计的工作流程

平面设计的工作流程是一个有明确目标、正确理念、负责态度、周密计划、清晰步骤和具体方法的工作过程，好的设计作品都是在完美的工作流程中产生的。

### 1.6.1 信息交流

客户提出设计项目的构想和工作要求，并提供项目相关文本和图片资料，包括公司介绍、项目描述、基本要求等。

### 1.6.2 调研分析

根据客户提出的设计构想和要求，运用客户的相关文本和图片资料，对客户的设计需求进行分析，并对客户同行业或同类型的设计产品进行市场调研。

### 1.6.3 草稿讨论

根据已经完成的分析和调研，组织设计团队，依据创意构想设计出项目的创意草稿并制作出样稿。拜访客户，双方就设计的草稿内容进行沟通讨论；根据双方的设想，依据需要补充相关资料，达成设计构想上的共识。

### 1.6.4 签订合同

双方就设计草稿达成共识后确认设计的具体细节、设计报价和完成时间，签订《设计协议书》。客户支付项目预付款，设计工作正式展开。

### 1.6.5　提案讨论

由设计师团队根据前期的市场调研和客户需求，结合双方草稿讨论的意见，开始设计方案的策划、设计和制作工作。一般要完成三个设计方案以提交给客户选择。拜访客户，与客户开会讨论提案，客户根据提案作品提出修改建议。

### 1.6.6　修改完善

根据提案会议的讨论内容和修改意见，设计师团队对客户基本满意的方案进行修改调整，进一步完善整体设计，并提交客户进行确认。对客户提出的细节修改进行更细致的调整，使方案顺利完成。

### 1.6.7　验收完成

在设计项目完成后和客户一起对完成的设计项目进行验收，并由客户在设计合格确认书上签字。客户按协议书规定支付项目设计余款，设计方将项目制作文件提交客户，整个项目执行完成。

### 1.6.8　后期制作

在设计项目完成后，客户可能需要设计方进行设计项目的印刷包装等后期制作工作，如果设计方承接了后期制作工作，需要和客户签订详细的后期制作合同，并执行后期的制作工作，为客户提供满意的印刷和包装成品。

# Chapter

# 2

## 第 2 章
## 设计软件的基础知识

本章主要介绍了平面设计的基础知识，其中包括位图和矢量图、分辨率、图像的色彩模式和文件格式、页面设置和图片大小、出血、文字转换、印前检查和小样等内容。通过本章的学习，可以快速掌握平面设计的基本概念和基础知识，有助于更好地开始平面设计的学习和实践。

### 课堂学习目标

- 了解位图、矢量图、分辨率和色彩模式
- 掌握常用的图像文件格式
- 掌握图像的页面、大小、出血等设置

# 2.1 位图和矢量图

图像文件可以分为两大类：位图图像和矢量图形。在绘图或处理图像的过程中，这两种类型的图像可以相互交叉使用。

## 2.1.1 位图

位图图像也称为点阵图像，它是由许多单独的小方块组成的，这些小方块又称为像素点，每个像素点都有特定的位置和颜色值。位图图像的显示效果与像素点是紧密联系在一起的，不同排列和着色的像素点在一起组成了一幅色彩丰富的图像。像素点越多，图像的分辨率越高，图像的文件量也会随之增大。

图像的原始效果如图 2-1 所示。使用放大工具放大后，可以清晰地看到像素的小方块形状与不同的颜色，效果如图 2-2 所示。

图 2-1             图 2-2

位图与分辨率有关，如果在屏幕上以较大的倍数放大显示图像，或以低于创建时的分辨率打印图像，图像就会出现锯齿状的边缘，并且会丢失细节。

## 2.1.2 矢量图

矢量图也称为向量图，它是一种基于图形的几何特性来描述的图像。矢量图中的各种图形元素称之为对象，每一个对象都是独立的个体，都具有大小、颜色、形状和轮廓等特性。

矢量图与分辨率无关，可以将它缩放到任意大小，其清晰度不变，也不会出现锯齿状的边缘。在任何分辨率下显示或打印矢量图都不会损失细节。图形的原始效果如图 2-3 所示。使用放大工具放大后，其清晰度不变，效果如图 2-4 所示。

图 2-3             图 2-4

矢量图文件所占的容量较少，但这种图形的缺点是不易制作色调丰富的图像，而且绘制出来的图形无法像位图那样精确地描绘各种绚丽的景象。

## 2.2　分辨率

分辨率是用于描述图像文件信息的术语。分辨率分为图像分辨率、屏幕分辨率和输出分辨率。下面将分别进行讲解。

### 2.2.1　图像分辨率

在 Photoshop CC 中，图像中每单位长度上的像素数目称为图像的分辨率，其单位为像素/英寸或是像素/厘米。

在相同尺寸的两幅图像中，高分辨率的图像包含的像素比低分辨率的图像包含的像素多。例如，一幅尺寸为 1 英寸×1 英寸的图像，其分辨率为 72 像素/英寸，这幅图像包含 5184 个像素（72×72＝5184）。同样尺寸，分辨率为 300 像素/英寸的图像，图像包含 90000 个像素。相同尺寸下，分辨率为 72 像素/英寸的图像效果如图 2-5 所示；分辨率为 300 像素/英寸的图像效果如图 2-6 所示。由此可见，在相同尺寸下，高分辨率的图像将能更清晰地表现图像内容。

图 2-5　　　　　　　　　　　图 2-6

提示

*如果一幅图像所包含的像素是固定的，那么增加图像尺寸就会降低图像的分辨率。*

### 2.2.2　屏幕分辨率

屏幕分辨率是显示器上每单位长度显示的像素数目。屏幕分辨率取决于显示器大小加上其像素设置。PC 显示器的分辨率一般约为 96 像素/英寸，Mac 显示器的分辨率一般约为 72 像素/英寸。在 Photoshop CC 中，图像像素被直接转换成显示器像素，当图像分辨率高于显示器分辨率时，屏幕中显示出的图像比实际尺寸大。

### 2.2.3　输出分辨率

输出分辨率是照排机或打印机等输出设备产生的每英寸的油墨点数（dpi）。打印机的分辨率在 720 dpi 以上的，可以使图像获得比较好的效果。

## 2.3 色彩模式

Photoshop 和 CorelDRAW 提供了多种色彩模式，这些色彩模式正是作品能够在屏幕和印刷品上成功表现的重要保障。在这里重点介绍几种经常使用到的色彩模式，包括 CMYK 模式、RGB 模式、灰度模式及 Lab 模式。每种色彩模式都有不同的色域，并且各个模式之间可以相互转换。

### 2.3.1 CMYK 模式

CMYK 代表了印刷上用的 4 种油墨色：C 代表青色，M 代表洋红色，Y 代表黄色，K 代表黑色。CMYK 模式在印刷时应用了色彩学中的减法混合原理，即减色色彩模式，它是图片、插图和其他作品中最常用的一种印刷方式。这是因为在印刷中通常都要进行四色分色，出四色胶片，然后再进行印刷。

在 Photoshop 中，CMYK 颜色控制面板如图 2-7 所示。可以在颜色控制面板中设置 CMYK 颜色。在 CorelDRAW 中的"编辑填充"对话框中选择 CMYK 模式，可以设置 CMYK 颜色，如图 2-8 所示。

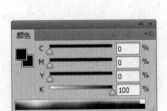

图 2-7

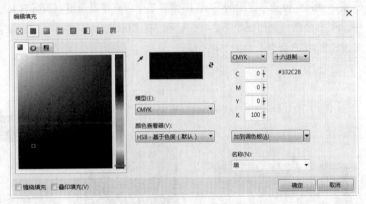

图 2-8

在 Photoshop 中制作平面设计作品时，一般会把图像文件的色彩模式设置为 CMYK 模式。在 CorelDRAW 中制作平面设计作品时，绘制的矢量图形和制作的文字都要使用 CMYK 颜色。

可以在建立一个新的 Photoshop 图像文件时就选择 CMYK 四色印刷模式，如图 2-9 所示。

在建立新的 Photoshop 文件时就应该选择 CMYK 四色印刷模式。这种方式的优点是防止最后的颜色失真，因为在整个作品的制作过程中，所制作的图像都在可印刷的色域中。

在制作过程中，可以选择"图像 > 模式 > CMYK 颜色"命令，将图像转换成 CMYK 模式。但是一定要注意，在图像转换为 CMYK 模式后，就无法再变回原来图像的 RGB 色彩了。因为 RGB 的色彩模式在转换成 CMYK 模式时，色域外的颜色会变暗，这样才会使整个色彩成为可以印刷的文件。因此，在将 RGB 模式转换成 CMYK 模式之前，可以选择"视图 > 校样设置 > 工作中的 CMYK"命令，预览一下转换成

CMYK 模式后的图像效果，如果不满意 CMYK 模式的效果，图像还可以根据需要进行调整。

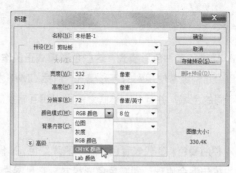

图 2-9

### 2.3.2 RGB 模式

RGB 模式是一种加色模式，它通过红、绿、蓝 3 种色光相叠加而形成更多的颜色。RGB 是色光的彩色模式，一幅 24 位色彩范围的 RGB 图像有 3 个色彩信息通道：红色( R )、绿色( G )和蓝色( B )。在 Photoshop 中，RGB 颜色控制面板如图 2-10 所示。在 CorelDRAW 中的"编辑填充"对话框中选择 RGB 色彩模式，可以设置 RGB 颜色，如图 2-11 所示。

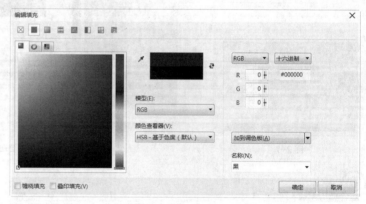

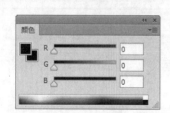

图 2-10                                            图 2-11

每个通道都有 8 位的色彩信息，即一个 0～255 的亮度值色域。也就是说，每一种色彩都有 256 个亮度水平级。3 种色彩相叠加，可以有 256×256×256=1670 万种可能的颜色。这 1670 万种颜色足以表现出绚丽多彩的世界。

在 Photoshop CC 中编辑图像时，RGB 色彩模式应是最佳的选择。因为它可以提供全屏幕的多达 24 位的色彩范围，一些计算机领域的色彩专家将其称为"True Color"真彩显示。

 提 示

*一般在视频编辑和设计过程中，使用 RGB 模式来编辑和处理图像。*

### 2.3.3 灰度模式

灰度模式，灰度图又称为 8bit 深度图。每个像素用 8 个二进制数表示，能产生 2 的 8 次方即 256 级灰色调。当一个彩色文件被转换为灰度模式文件时，所有的颜色信息都将从文件中丢失。尽管 Photoshop 允许将一个灰度文件转换为彩色模式文件，但不可能将原来的颜色完全还原。所以，当要转换灰度模式时，应先做好图像的备份。

像黑白照片一样，一个灰度模式的图像只有明暗值，没有色相和饱和度这两种颜色信息。0%代表白，100%代表黑，其中的 K 值用于衡量黑色油墨用量。在 Photoshop 中，颜色控制面板如图 2-12 所示。在 CorelDRAW 中的"编辑填充"对话框中选择灰度模式，可以设置灰度颜色，如图 2-13 所示。

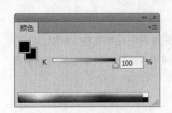

图 2-12　　　　　　　　　　　　　　　　　　图 2-13

### 2.3.4　Lab 模式

Lab 模式是 Photoshop 中的一种国际色彩标准模式，它由 3 个通道组成：一个通道是透明度，即 L。其他两个是色彩通道，即色相和饱和度，分别用 a 和 b 表示。a 通道包括的颜色值从深绿到灰，再到亮粉红色；b 通道是从亮蓝色到灰，再到焦黄色。这种色彩混合后将产生明亮的色彩。Lab 颜色控制面板如图 2-14 所示。

图 2-14

Lab 模式在理论上包括了人眼可见的所有色彩，它弥补了 CMYK 模式和 RGB 模式的不足。在这种模式下，图像的处理速度比在 CMYK 模式下快数倍，与 RGB 模式的速度相仿。在把 Lab 模式转换成 CMYK 模式的过程中，所有的色彩不会丢失或被替换。

提示

*在 Photoshop 中将 RGB 模式转换成 CMYK 模式时，可以先将 RGB 模式转换成 Lab 模式，然后再从 Lab 模式转成 CMYK 模式。这样会减少图片的颜色损失。*

## 2.4　文件格式

当平面设计作品制作完成后需要进行存储，这时选择一种合适的文件格式就显得十分重要。在 Photoshop 和 CorelDRAW 中有 20 多种文件格式可供选择。在这些文件格式中，既有 Photoshop 和 CorelDRAW 的专用格式，也有用于应用程序交换的文件格式，还有一些比较特殊的格式。下面重点讲解几种平面设计中常用的文件存储格式。

### 2.4.1 TIF（TIFF）格式

TIF 也称为 TIFF，是标签图像格式。TIF 格式对于色彩通道图像来说具有很强的可移植性，它可以用于 PC、Macintosh 和 UNIX 工作站三大平台，是这三大平台上使用最广泛的绘图格式。

用 TIF 格式存储时应考虑到文件的大小，因为 TIF 格式的结构要比其他格式更大、更复杂。但 TIF 格式支持 24 个通道，能存储多于 4 个通道的文件。TIF 格式还允许使用 Photoshop 中的复杂工具和滤镜特效。

提 示

*TIF 格式非常适合于印刷和输出。在 Photoshop 中编辑处理完成的图片文件一般都会存储为 TIF 格式，然后将其导入 CorelDRAW 的平面设计文件中再进行编辑处理。*

### 2.4.2 CDR 格式

CDR 格式是 CorelDRAW 的专用图形文件格式。由于 CorelDRAW 是矢量图形绘制软件，所以 CDR 可以记录文件的属性、位置、分页等。但它在兼容度上比较差，在所有 CorelDRAW 应用程序中均能够使用，而在其他图像编辑软件却无法打开此类文件。

### 2.4.3 PSD 格式

PSD 格式是 Photoshop 软件自身的专用文件格式，PSD 格式能够保存图像数据的细小部分，如图层、蒙版、通道等 Photoshop 对图像进行特殊处理的信息。在没有最终决定图像的存储格式前，最好先以这种格式存储。另外，使用 Photoshop 打开和存储这种格式的文件比其他格式更快。

### 2.4.4 AI 格式

AI 是一种矢量图片格式，是 Adobe 公司的 Illustrator 软件的专用格式。它的兼容度比较高，可以在 CorelDRAW 中打开，也可以将 CDR 格式的文件导出为 AI 格式。

### 2.4.5 JPEG 格式

JPEG 是 Joint Photographic Experts Group 的首字母缩写，译为联合图片专家组。JPEG 格式既是 Photoshop 支持的一种文件格式，也是一种压缩方案。它是 Macintosh 上常用的一种存储类型。JPEG 格式是压缩格式中的"佼佼者"，与 TIF 文件格式采用的 LIW 无损失压缩相比，它的压缩比例更大。但它使用的有损失压缩会丢失部分数据。用户可以在存储前选择图像的最后质量，这样就能控制数据的损失程度。

在 Photoshop 中，可以选择低、中、高和最高 4 种图像压缩品质。以高质量保存图像比其他质量的保存形式占用更大的磁盘空间，而选择低质量保存图像则损失的数据较多，但占用的磁盘空间较少。

## 2.5 页面设置

在设计制作平面作品之前，要根据客户任务的要求在 Photoshop 或 CorelDRAW 中设置页面文件的尺寸。下面讲解如何根据制作标准或客户要求来设置页面文件的尺寸。

### 2.5.1 在 Photoshop 中设置页面

选择"文件 > 新建"命令，弹出"新建"对话框，如图 2-15 所示。在对话框中，可以在"名称"选项后的文本框中输入新建图像的文件名；"预设"选项后的下拉列表用于自定义或选择其他固定格式文件的大小；在"宽度"和"高度"选项后的数值框中可以输入需要设置的宽度和高度的数值；在"分辨率"选项后的数值框中可以输入需要设置的分辨率。

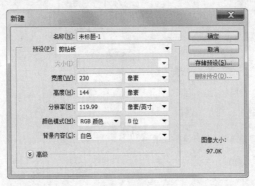

图 2-15

图像的宽度和高度可以设定为像素或厘米，单击"宽度"和"高度"选项下拉列表框右边的黑色三角按钮 ▼，弹出计量单位下拉列表，可以选择计量单位。

"分辨率"选项可以设定每英寸的像素数或每厘米的像素数，一般在进行屏幕练习时将其设定为 72 像素/英寸；在进行平面设计时，将其设定为输出设备的半调网屏频率的 1.5 ~ 2 倍，一般为 300 像素/英寸。单击"确定"按钮，新建页面。

每英寸像素数越高，图像的效果越好，但图像的文件也越大。应根据需要设置合适的分辨率。

### 2.5.2　在 CorelDRAW 中设置页面

在实际工作中，往往要利用像 CorelDRAW 这样的优秀平面设计软件来完成印前的制作任务，随后才是出胶片、送印厂。因此，这就要求我们在设计制作前设置作品的尺寸。为了方便广大用户使用，CorelDRAW X7 预设了 50 多种页面样式供用户选择。

在新建的 CorelDRAW 文档窗口中，属性栏可以设置纸张的类型大小、纸张的高度和宽度、纸张的放置方向等，如图 2-16 所示。

图 2-16

选择"布局 > 页面设置"命令，可以进行更广泛、更深入的设置。选择"布局 >页面设置"命令，弹出"选项"对话框，如图 2-17 所示。

在"页面尺寸"的选项框中，除了可以对版面纸张的大小、放置方向等进行设置外，还可以设置页面出血、分辨率等选项。

图 2-17

图片大小

在完成平面设计任务的过程中，为了更好地编辑图像或图形，经常需要调整图像或者图形的大小。下面将讲解图像或图形大小的调整方法。

### 2.6.1 在 Photoshop 中调整图像大小

打开本书配套资源包中的"Ch02 > 素材 > 04"文件，如图 2-18 所示。选择"图像 > 图像大小"命令，弹出"图像大小"对话框，如图 2-19 所示。

图 2-18

图 2-19

图像大小：通过改变"宽度""高度"和"分辨率"选项的数值，改变图像的大小，图像的尺寸也相应改变。

缩放样式 ✿．：勾选此选项后，若在图像操作中添加了图层样式，可以在调整大小时自动缩放样式大小。

尺寸：指沿图像的宽度和高度的总像素数，单击尺寸右侧的按钮▼，可以改变计量单位。

调整为：指选取预设以调整图像大小。

约束比例 🔗：单击"宽度"和"高度"选项左侧将出现锁链标志🔗，表示改变其中一项设置时，两个项目中的数值会按比例同时改变。

分辨率：指位图图像中的细节精细度，计量单位是像素/英寸（ppi），每英寸的像素越多，分辨率越高。

重新采样：不勾选此复选框，尺寸的数值将不会改变，"宽度""高度"和"分辨率"选项左侧将出现锁链标志 🔗 ，之后在改变数值时，3 个项目中的数值会同时改变，如图 2-20 所示。

图 2-20

在"图像大小"对话框中可以改变选项数值的计量单位，在选项右侧的下拉列表中进行选择，如图 2-21 所示。单击"调整为"选项右侧的按钮 ▼ ，在弹出的下拉列表中选择"自动分辨率"命令，弹出"自动分辨率"对话框，系统将自动调整图像的分辨率和品质效果，如图 2-22 所示。

图 2-21

图 2-22

在"图像大小"对话框中，改变"文档大小"选项组中的宽度数值，如图 2-23 所示。图像将变小，效果如图 2-24 所示。

图 2-23

图 2-24

 提示

*在设计制作的过程中，位图的分辨率一般为 300 像素/英寸，编辑位图的尺寸可以从大尺寸图调整到小尺寸图，这样没有图像品质的损失。如果从小尺寸图调整到大尺寸图，就会造成图像品质的损失，如图片模糊等。*

### 2.6.2　在 CorelDRAW 中调整图像大小

打开本书配套资源包中的"Ch02 > 素材 > 05"文件。选择"选择"工具 ⬚，选取要缩放的对象，对象的周围出现控制手柄，如图 2-25 所示。用鼠标拖曳控制手柄可以缩小或放大对象，如图 2-26 所示。

图 2-25　　　　　　　　　　　图 2-26

选择"选择"工具 ⬚，并选取要缩放的对象，在对象的周围出现控制手柄，如图 2-27 所示。此时属性栏如图 2-28 所示。在属性栏的"对象的大小"选项 ⬚ 中根据设计需要调整宽度和高度的数值，如图 2-29 所示。按 Enter 键确认，完成对象的缩放，如图 2-30 所示。

图 2-27　　　　　　　　　　　图 2-28

图 2-29　　　　　　　　　　　图 2-30

## 2.7　出血

印刷装订工艺要求接触到页面边缘的线条、图片或色块，需要跨出页面边缘的成品裁切线 3mm，称为出血。出血是防止裁刀裁切到成品尺寸里面的图文或出现白边。下面将以体验卡的制作为例，详细讲解如何在 Photoshop 或 CorelDRAW 中设置出血。

### 2.7.1　在 Photoshop 中设置出血

**STEP 1** 要求制作的卡片的成品尺寸是 90mm×55mm，如果卡片有底色或花纹，则需要将底色或花纹跨出页面边缘的成品裁切线 3mm。因此，在 Photoshop 中新建文件的页面尺寸需要设置为 96mm

×61mm。

**STEP 2** 按 Ctrl+N 组合键，弹出"新建"对话框，选项的设置如图 2-31 所示。单击"确定"按钮，效果如图 2-32 所示。

图 2-31　　　　　　　　　　　　图 2-32

**STEP 3** 选择"视图 > 新建参考线"命令，弹出"新建参考线"对话框，设置如图 2-33 所示。单击"确定"按钮，效果如图 2-34 所示。用相同的方法，在 5.8cm 处新建一条水平参考线，效果如图 2-35 所示。

图 2-33　　　　　　　　　　图 2-34　　　　　　　　　　图 2-35

**STEP 4** 选择"视图 > 新建参考线"命令，弹出"新建参考线"对话框，设置如图 2-36 所示。单击"确定"按钮，效果如图 2-37 所示。用相同的方法，在 9.3cm 处新建一条垂直参考线，效果如图 2-38 所示。

**STEP 5** 按 Ctrl+O 组合键，打开本书配套资源包中的"Ch02 > 素材 > 06"文件，效果如图 2-39 所示。选择"移动"工具 ，将其拖曳到新建的未标题-1 文件窗口中，如图 2-40 所示。在"图层"控制面板中生成新的图层"图层 1"。按 Ctrl+E 组合键，合并可见图层。按 Ctrl+S 组合键，弹出"存储为"对话框，将其命名为"卡片背景"，保存为 TIFF 格式。单击"保存"按钮，弹出"TIFF 选项"对话框，再单击"确定"按钮将图像保存。

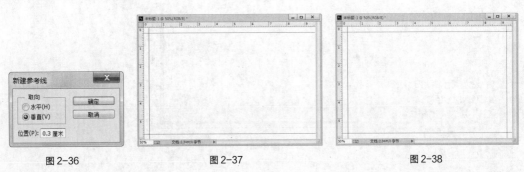

图 2-36　　　　　　　　　　图 2-37　　　　　　　　　　图 2-38

图 2-39

图 2-40

### 2.7.2 在 CorelDRAW 中设置出血

**STEP 1** 要求制作体验卡的成品尺寸是 90mm×55mm，需要设置的出血是 3 mm。

**STEP 2** 按 Ctrl+N 组合键，新建一个文档。选择"布局 > 页面设置"命令，弹出"选项"对话框，在"文档"设置区的"页面尺寸"选项框中设置"宽度"选项的数值为 90mm，设置"高度"选项的数值为 55.0mm，设置出血选项的数值为 3.0，在设置区中勾选"显示出血区域"复选框，如图 2-41 所示。单击"确定"按钮，页面效果如图 2-42 所示。

图 2-41

图 2-42

**STEP 3** 在页面中，实线框为体验卡的成品尺寸 90mm×55mm，虚线框为出血尺寸，在虚线框和实线框四边之间的空白区域是 3mm 的出血设置，如图 2-43 所示。

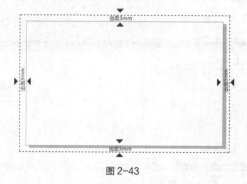
图 2-43

**STEP 4** 按 Ctrl+I 组合键，弹出"导入"对话框，打开本书配套资源包中的"Ch02 > 效果 > 卡片背景"文件，如图 2-44 所示，单击"导入"按钮。在页面中单击导入的图片，按 P 键，使图片与页面居中对齐，效果如图 2-45 所示。

图 2-44                    图 2-45

**STEP 5** 按 Ctrl+I 组合键，弹出"导入"对话框，打开本书配套资源包中的"Ch02 > 素材 > 05"文件，并单击"导入"按钮。在页面中单击导入的图片，选择"选择"工具 ▶，将其拖曳到适当的位置，效果如图 2-46 所示。选择"文本"工具 字，在页面中分别输入需要的文字。选择"选择"工具 ▶，分别在属性栏中选择合适的字体并设置文字大小，效果如图 2-47 所示。选取需要的文字，按 Shift+向左方向键，调整文字的字距，如图 2-48 所示。选择"视图 > 页 > 出血"命令，将出血线隐藏，效果如图 2-49 所示。

图 2-46                    图 2-47

图 2-48                    图 2-49

**STEP 6** 选择"文件 > 打印预览"命令，单击"启用分色"按钮 ，在窗口中可以观察到名片将来出胶片的效果，还有 4 个角上的裁切线、4 个边中间的套准线 和测控条。单击页面分色按钮，可以切换显示各分色的胶片效果，如图 2-50 所示。

🎯 **提示**

*最后完成的设计作品，都要送到专业的输出中心，在输出中心把作品输出成印刷用的胶片。一般对于使用 CMYK 四色模式制作的作品会输出 4 张胶片，分别是青色、洋红色、黄色和黑色四色胶片。*

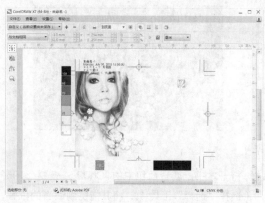

青色胶片

品红胶片

黄色胶片

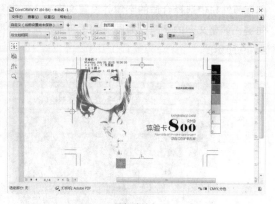

黑色胶片

图 2-50

**STEP 7** 最后制作完成的设计作品效果如图 2-51 所示。按 Ctrl+S 组合键，弹出"保存图形"对话框，将其命名为"体验卡"，保存为 CDR 格式，单击"保存"按钮将图像保存。

图 2-51

## 2.8　文字转换

在 Photoshop 和 CorelDRAW 中输入文字时，都需要选择文字的字体。文字的字体安装在计算机、打印机或照排机的文件中。字体就是文字的外在形态，当设计师选择的字体与输出中心的字体不匹配时，或者根本就没有设计师选择的字体时，所输出的胶片上的文字就不是设计师选择的字体，也可能出现乱码。下面将讲解如何在 Photoshop 和 CorelDRAW 中进行文字转换来避免出现这样的问题。

### 2.8.1　在 Photoshop 中转换文字

打开本书配套资源包中的"Ch02 > 素材 > 05"文件，在"图层"控制面板中选中需要的文字图层，单击鼠标右键，在弹出的菜单中选择"栅格化文字"命令，如图 2-52 所示。将文字图层转换为普通图层，就是将文字转换为图像，如图 2-53 所示。在图像窗口中的文字效果如图 2-54 所示。转换为普通图层后，出片文件将不会出现字体的匹配问题。

　　　　图 2-52　　　　　　　　　　　图 2-53　　　　　　　　　　　图 2-54

### 2.8.2　在 CorelDRAW 中转换文字

打开本书配套资源包中的"Ch02 > 效果 > 体验卡.cdr"文件。选择"选择"工具 ，按住 Shift 键的同时，单击输入的文字将其同时选取，如图 2-55 所示。选择"排列 > 转换为曲线"命令，将文字转换为曲线，如图 2-56 所示。按 Ctrl+S 组合键，将文件保存。

　　　　　图 2-55　　　　　　　　　　　　　　　　图 2-56

 **提示**

将文字转换为曲线，就是将文字转换为图形。这样在输出中心就不会出现文字的匹配问题，在胶片上也不会出现乱码。

# 2.9 印前检查

在 CorelDRAW 中，可以对设计制作完成的体验卡进行印前的常规检查。

打开本书配套资源包中的"Ch02 > 效果 > 体验卡.cdr"文件，效果如图 2-57 所示。选择"文件 > 文档属性"命令，在弹出的对话框中可以查看文件、文档、颜色、图形对象、文本统计、位图对象、样式、效果、填充和轮廓等多方面的信息，如图 2-58 所示。

图 2-57

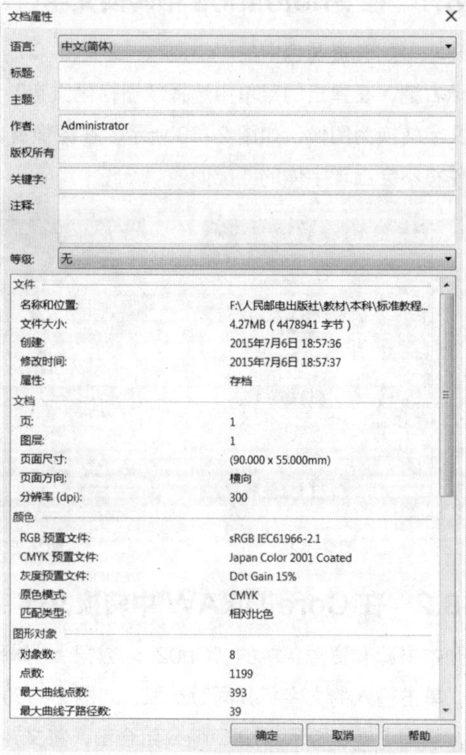

图 2-58

在"文件"信息组中可以查看文件的名称和位置、大小、创建和修改日期、属性等信息。

在"文档"信息组中可以查看文件的页码、图层、页面大小、方向及分辨率等信息。

在"颜色"信息组中可以查看 RGB 预置文件、CMYK 预置文件、灰度的预置文件、原色模式和匹配类型等信息。

在"图形对象"信息组中可以查看对象的数目、点数、曲线、矩形、椭圆等信息。

在"文本统计"信息组中可以查看文档中的文本对象信息。

在"位图对象"信息组中可以查看文档中导入位图的色彩模式、文件大小等信息。

在"样式"信息组中可以查看文档中图形的样式等信息。

在"效果"信息组中可以查看文档中图形的效果等信息。

在"填充"信息组中可以查看未填充、均匀、对象和颜色模型等信息。

在"轮廓"信息组中可以查看无轮廓、均匀、按图像大小缩放、对象和颜色模型等信息。

**提示**

如果在 CorelDRAW 中已经将设计作品中的文字转换成曲线，那么在"文本统计"信息组中将显示"文档中无文本对象"信息。

# 2.10 小样

在 CorelDRAW 中设计制作完成客户的任务后，可以方便地为客户展示设计完成稿的小样。下面讲解小样电子文件的导出方法。

## 2.10.1 带出血的小样

**STEP 1** 打开本书配套资源包中的"Ch02 > 效果 > 体验卡.cdr"文件，效果如图 2-59 所示。选择"文件 > 导出"命令，弹出"导出"对话框，将其命名为"体验卡"，导出为 JPG 格式，如图 2-60 所示。

图 2-59

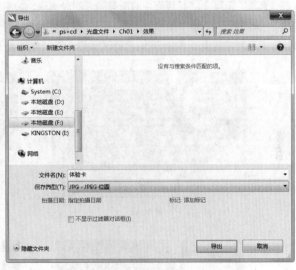

图 2-60

**STEP 2** 单击"导出"按钮，弹出"导出到 JPEG"对话框，选项的设置如图 2-61 所示，单击"确定"按钮导出图形。导出图形在文件夹中的图标如图 2-62 所示。可以通过电子邮件的方式把导出的 JPG 格式小样发给客户观看，客户可以利用图像软件打开观看，效果如图 2-63 所示。

 **提示**

一般给客户观看的作品小样都导出为 JPG 格式，JPG 格式的图像压缩比例大，文件量小，有利于通过电子邮件的方式发给客户。

图 2-61       图 2-62       图 2-63

### 2.10.2　成品尺寸的小样

**STEP 1** 打开本书配套资源包中的"Ch02 > 效果 > 体验卡.cdr"文件，效果如图 2-64 所示。双击"选择"工具 ，将页面中的所有图形同时选取，如图 2-65 所示。按 Ctrl+G 组合键将其群组，效果如图 2-66 所示。双击"矩形"工具 ，系统自动绘制一个与页面大小相等的矩形，绘制的矩形大小就是体验卡成品尺寸的大小。按 Shift+PageUp 组合键，将其置于最上层，效果如图 2-67 所示。

图 2-64            图 2-65

图 2-66            图 2-67

**STEP 2** 选择"选择"工具 ，选取群组后的图形，如图 2-68 所示。选择"效果 > 图框精确剪裁 > 置于图文框内部"命令，鼠标指针变为黑色箭头形状，在矩形框上单击，如图 2-69 所示。将体验卡置入矩形中，效果如图 2-70 所示。在"CMYK 调色板"中的"无填充"按钮 上单击鼠标右键，去掉矩形的轮廓线，效果如图 2-71 所示。体验卡的成品尺寸效果如图 2-72 所示。

图 2-68　　　　　　　　　　　　　　　　图 2-69

图 2-70　　　　　　　　　　　　　　　　图 2-71

图 2-72

**STEP 3** 选择"文件 > 导出"命令，弹出"导出"对话框，将其命名为"体验卡-成品尺寸"，导出为 JPG 格式，如图 2-73 所示。单击"导出"按钮，弹出"导出到 JPEG"对话框，选项的设置如图 2-74 所示，单击"确定"按钮，导出成品尺寸的体验卡图像。可以通过电子邮件的方式把导出的 JPG 格式小样发给客户，客户可以在看图软件中打开观看，效果如图 2-75 所示。

图 2-73

图 2-74

图 2-75

# 3

## 第 3 章
## 标志设计

标志是一种传达事物特征的特定视觉符号，它代表着企业的形象和文化。企业的服务水平、管理机制及综合实力都可以通过标志来体现。在企业视觉战略推广中，标志起着举足轻重的作用。本章以电影公司标志设计为例，讲解标志的设计方法和制作技巧。

**课堂学习目标**

● 在 Photoshop 软件中制作标志图形的立体效果

● 在 CorelDRAW 软件中制作标志和标准字

# 3.1 电影公司标志设计

## 案例学习目标

学习在 CorelDRAW 中添加辅助线，并使用绘图工具和添加编辑节点命令制作标志，使用文本工具和对象属性面板制作标准字。在 Photoshop 中为标志添加样式制作标志的立体效果。

## 案例知识要点

在 CorelDRAW 中，使用选项命令添加水平和垂直辅助线，使用矩形工具、转换为曲线命令、调整节点工具和编辑填充面板制作标志图形，使用文本工具和对象属性泊坞窗制作标准字。在 Photoshop 中，使用变换命令和图层样式命令制作标志图形的立体效果。电影公司标志效果如图 3-1 所示。

## 效果所在位置

资源包/Ch03/效果/电影公司标志设计/电影公司标志.tif。

图 3-1

## CorelDRAW 应用

### 3.1.1 绘制标志底图

**STEP 1** 打开 CorelDRAW 软件，按 Ctrl+N 组合键，新建一个文件。在属性栏的"页面度量"选项中将"宽度"和"高度"选项均设为 78mm，按 Enter 键，页面显示为设置的大小。按 Ctrl+J 组合键，弹出"选项"对话框，选择"辅助线/水平"选项，在"文字框"中设置数值为 0，如图 3-2 所示，单击"添加"按钮，在页面中添加一条水平辅助线。用相同的方法在 13mm、26mm、39mm、52mm、65mm、78mm 处添加 6 条水平辅助线，单击"确定"按钮，效果如图 3-3 所示。

电影公司标志设计

图 3-2

图 3-3

**STEP　2** 按 Ctrl+J 组合键，弹出"选项"对话框，选择"辅助线/垂直"选项，在"文字框"中设置数值为 0，如图 3-4 所示，单击"添加"按钮，在页面中添加一条垂直辅助线。用相同的方法在 13mm、26mm、39mm、52mm、65mm、78mm 处添加 6 条垂直辅助线，单击"确定"按钮，效果如图 3-5 所示。

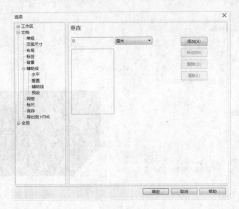
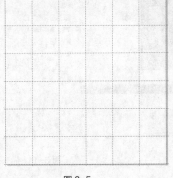

图 3-4　　　　　　　　　　　图 3-5

**STEP　3** 选择"选择"工具，按住 Shift 键的同时，单击所有参考线将其选取，如图 3-6 所示。选择"对象 > 锁定 > 锁定对象"命令，锁定选取的对象。选择"视图 > 贴齐 > 辅助线"命令，贴齐辅助线。选择"矩形"工具，在适当的位置绘制矩形，如图 3-7 所示。

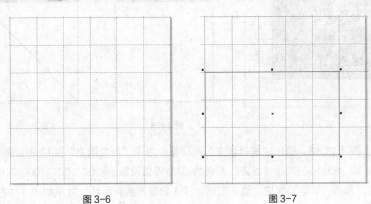

图 3-6　　　　　　　　　　　图 3-7

**STEP　4** 选择"对象 > 转换为曲线"命令，将矩形转换为曲线。选择"形状"工具，在适当的位置双击鼠标添加节点，如图 3-8 所示。选取需要的节点，如图 3-9 所示，按 Delete 键将其删除，如图 3-10 所示。

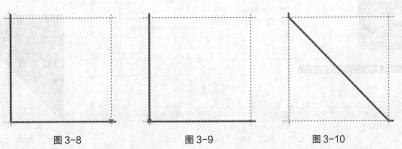

图 3-8　　　　　　　图 3-9　　　　　　　图 3-10

**STEP　5** 按 F11 键，弹出"编辑填充"对话框，选择"渐变填充"按钮，将"起点"颜色的

CMYK 值设置为：0、100、100、70，"终点"颜色的 CMYK 值设置为：0、95、100、0，其他选项的设置如图 3-11 所示。单击"确定"按钮，填充图形，并去除图形的轮廓线，效果如图 3-12 所示。

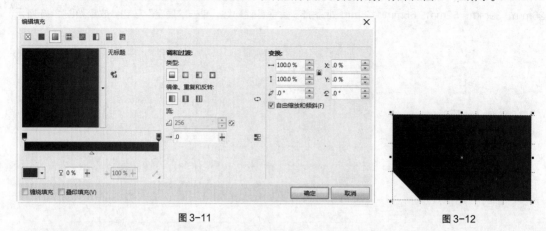

图 3-11　　　　　　　　　　　　　　　　　　图 3-12

**STEP 6** 选择"矩形"工具□，在适当的位置绘制矩形，如图 3-13 所示。选择"对象 > 转换为曲线"命令，将矩形转换为曲线。选择"形状"工具↖，选取需要的节点，如图 3-14 所示，按 Delete 键将节点删除，如图 3-15 所示。

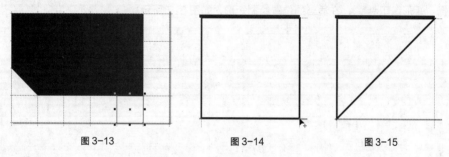

图 3-13　　　　　　　　　图 3-14　　　　　　　　　图 3-15

**STEP 7** 按 F11 键，弹出"编辑填充"对话框，选择"渐变填充"按钮▨，将"起点"颜色的 CMYK 值设置为：0、95、100、0，"终点"颜色的 CMYK 值设置为：0、100、100、70，其他选项的设置如图 3-16 所示。单击"确定"按钮，填充图形，并去除图形的轮廓线，效果如图 3-17 所示。

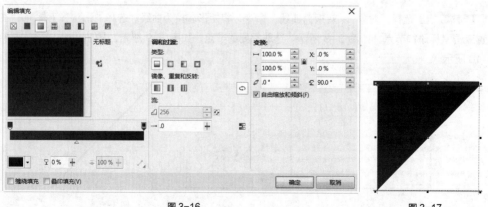

图 3-16　　　　　　　　　　　　　　　　　　图 3-17

**STEP 8** 选择"选择"工具 ，选取图形，按数字键盘上的+键，原位复制图形。选择"形状"工具 ，选取左下角的节点，将其向上拖曳到适当的位置，效果如图 3-18 所示。设置图形颜色的 CMYK 值为 0、100、100、70，填充图形，效果如图 3-19 所示。

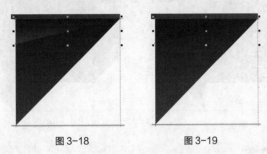

图 3-18　　　　　　　　图 3-19

**STEP 9** 选择"矩形"工具 ，在适当的位置绘制矩形，如图 3-20 所示。用上述方法调整右上角的节点，效果如图 3-21 所示。

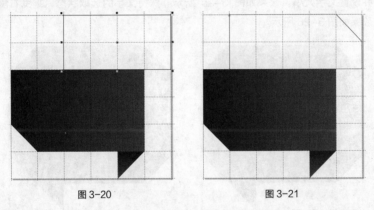

图 3-20　　　　　　　　图 3-21

**STEP 10** 按 F11 键，弹出"编辑填充"对话框，选择"渐变填充"按钮 ，将"起点"颜色的 CMYK 值设置为：50、0、100、0，"终点"颜色的 CMYK 值设置为：100、50、100、20，其他选项的设置如图 3-22 所示。单击"确定"按钮，填充图形，并去除图形的轮廓线，效果如图 3-23 所示。用相同的方法绘制其他图形并填充需要的颜色，效果如图 3-24 所示。

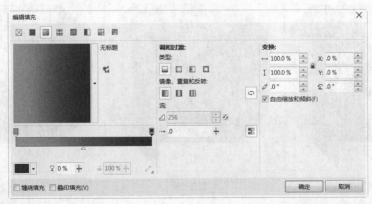

图 3-22

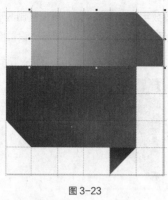
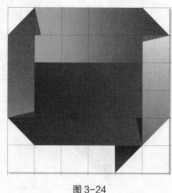

图 3-23            图 3-24

### 3.1.2 绘制标志文字

**STEP 1** 选择"文本"工具 ，在页面中输入需要的文字，选择"选择"工具 ，在属性栏中选取适当的字体并设置文字大小，效果如图 3-25 所示。保持文字的选取状态，拖曳右侧中间的控制手柄到适当的位置，效果如图 3-26 所示。

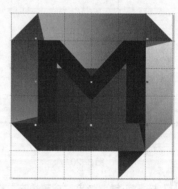

图 3-25            图 3-26

**STEP 2** 选择"对象 > 转换为曲线"命令，将文字转换为曲线，如图 3-27 所示。选择"形状"工具 ，选取需要的节点，如图 3-28 所示，将其拖曳到适当的位置，如图 3-29 所示。

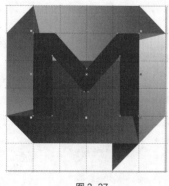

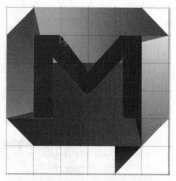

图 3-27        图 3-28        图 3-29

**STEP 3** 用相同的方法分别选取需要的节点，并将其拖曳到适当的位置，效果如图 3-30 所示。在适当的位置双击，添加节点，如图 3-31 所示。

**STEP⬆4** 将添加的节点拖曳到适当的位置，效果如图 3-32 所示。按住 Shift 键的同时，将需要的节点同时选取，按 Delete 键删除不需要的节点，效果如图 3-33 所示。

图 3-30 　　　　　　　　　　图 3-31 　　　　　　　　　图 3-32 　　　　　　　　　图 3-33

**STEP⬆5** 选择"选择"工具 ▣，将文字选取，填充为白色，效果如图 3-34 所示。用圈选的方法将所有图形同时选取，按 Ctrl+G 组合键组合图形，效果如图 3-35 所示。

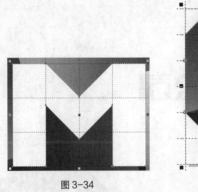 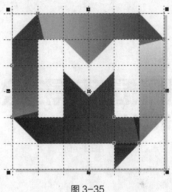

图 3-34 　　　　　　　　　　　　　　　　图 3-35

**STEP⬆6** 选择"文本"工具 ▣，在页面中分别输入需要的文字，选择"选择"工具 ▣，在属性栏中分别选取适当的字体并设置文字大小，效果如图 3-36 所示。选取上方的文字，按 Alt+Enter 组合键，弹出"对象属性"泊坞窗，单击"段落"按钮 ▣，弹出相应的泊坞窗，选项的设置如图 3-37 所示。按 Enter 键，文字效果如图 3-38 所示。选取下方的文字，在"对象属性"泊坞窗中进行设置，如图 3-39 所示。

**STEP⬆7** 按 Enter 键，文字效果如图 3-40 所示。将上下两个文字同时选取，按 Ctrl+Shift+A 组合键，弹出"对齐与分布"泊坞窗，单击"水平居中对齐"按钮 ▣，如图 3-41 所示。对齐文字，效果如图 3-42 所示。将其拖曳到适当的位置，如图 3-43 所示。

迈阿瑟电影公司
MAYASSE

图 3-36

图 3-37

图 3-38　　　　　　　　　　　　　　　图 3-39

图 3-40　　　　　　　　　　　　　　　图 3-41

图 3-42　　　　　　　　　　　　　　　图 3-43

**STEP 8** 选择"文件 > 导出"命令，弹出"导出"对话框，将其命名为"标志导出图"，保存为 PNG 格式。单击"导出"按钮，弹出"导出到 PNG"对话框，单击"确定"按钮，导出为 PNG 格式。

### Photoshop 应用

### 3.1.3　制作立体效果

**STEP 1** 打开 Photoshop 软件，按 Ctrl + O 组合键，打开本书配套资源包中的"Ch03 > 素材 > 电影公司标志设计 > 01"文件，如图 3-44 所示。单击"图层"控制面板下方的"创建新的填充或调整图层"按钮，在弹出的菜单中

电影公司制作标志立体效果

选择"照片滤镜"命令，在"图层"控制面板中生成"照片滤镜 1"图层，同时弹出相应的调整面板，设置如图 3-45 所示。按 Enter 键，效果如图 3-46 所示。

图 3-44　　　　　　　　　　图 3-45　　　　　　　　　　图 3-46

**STEP 2** 按 Ctrl+O 组合键，打开本书配套资源包中的"Ch03 > 效果 > 电影公司标志设计 > 标志导出图"文件。选择"移动"工具，将图片拖曳到图像窗口中的适当位置并调整其大小，效果如图 9-47 所示，在"图层"控制面板中生成新的图层并将其命名为"标志"。

**STEP 3** 按 Ctrl+T 组合键，在图片周围出现变换框，按住 Ctrl 键的同时，分别拖曳 4 个角的控制手柄到适当的位置，如图 3-48 所示。按 Enter 键确认操作，效果如图 3-49 所示。

**STEP 4** 单击"图层"控制面板下方的"添加图层样式"按钮，在弹出的菜单中选择"斜面和浮雕"命令，在弹出的对话框中进行设置，如图 3-50 所示。

图 3-47　　　　　　　　　　　　　　　　图 3-48

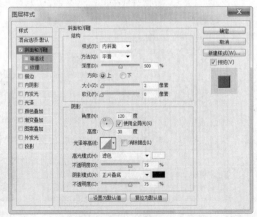

图 3-49　　　　　　　　　　　　　图 3-50

**STEP 5** 选择"投影"选项，弹出相应的对话框，选项的设置如图 3-51 所示。单击"确定"按钮，效果如图 3-52 所示。

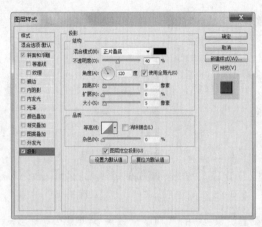

图 3-51　　　　　　　　　　　　　　　　　图 3-52

**STEP 6** 选择打开的"标志导出图"文件。选择"矩形选框"工具，在适当的位置绘制矩形选区，如图 3-53 所示。选择"移动"工具，将图像拖曳到 01 文件的适当位置并调整其大小，效果如图 3-54 所示。在"图层"控制面板中生成新的图层并将其命名为"标志 2"。

图 3-53　　　　　　　　　　　　　　图 3-54

**STEP 7** 选择"滤镜 > 模糊 > 高斯模糊"命令，在弹出的对话框中进行设置，如图 3-55 所示。单击"确定"按钮，效果如图 3-56 所示。电影公司标志设计制作完成。

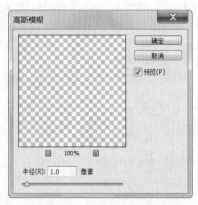

图 3-55　　　　　　　　　　　　　　图 3-56

## 3.2　课后习题——伯仑酒店标志设计

### ➕ 习题知识要点

　　在 Photoshop 中，使用油漆桶工具、渐变工具和混合模式制作背景效果，使用图层样式命令制作标志的立体效果。在 CorelDRAW 中，使用贝塞尔工具绘制标志基本形状，使用矩形工具和造型命令剪切基本形，使用填充工具和文字工具制作填充并制作标志文字，使用贝塞尔工具、椭圆形工具、复制命令和镜像命令制作植物图形。伯仑酒店标志效果如图 3-57 所示。

### ➕ 效果所在位置

　　资源包/Ch03/效果/伯仑酒店标志设计/伯仑酒店标志.tif。

图 3-57

伯仑酒店标志设计　　伯仑酒店制作标志立体效果

# Chapter

# 4

## 第 4 章
## 卡片设计

卡片是人们增进交流的一种载体，是传递信息、交流情感的一种方式。卡片的种类繁多，有邀请卡、祝福卡、生日卡、圣诞卡、新年贺卡等。本章以中秋贺卡为例，讲解贺卡正面和背面的设计方法和制作技巧。

### 课堂学习目标

- 在 Photoshop 软件中制作贺卡正面和背面底图

- 在 CorelDRAW 软件中制作祝福语和装饰图形

## 4.1　中秋贺卡正面设计

**案例学习目标**

学习在 Photoshop 中通过多个图片的融合制作贺卡底图。在 CorelDRAW 中导入图片并制作图框精确剪裁制作主体文字，绘图工具和造形命令制作标志。

**案例知识要点**

在 Photoshop 中，使用图层混合蒙式、图层蒙版和画笔工具制作背景图片的融合效果，使用图层样式命令为图片添加样式，使用调整图层调整图片的颜色，使用画笔工具和画笔控制面板制作星光。在 CorelDRAW 中，使用导入命令、对象属性面板和图框精确剪裁命令制作主体文字，使用文字工具添加祝福语和标志文字，使用椭圆形工具、多边形工具、变形工具和造形按钮制作标志图形。中秋贺卡正面设计效果如图 4-1 所示。

**效果所在位置**

资源包/Ch04/效果/中秋贺卡正面设计/中秋贺卡正面设计.cdr。

图 4-1

### Photoshop 应用

### 4.1.1　制作背景效果

**STEP 1** 打开 Photoshop 软件，按 Ctrl + N 组合键，新建一个文件：宽度为 20cm，高度为 12cm，分辨率为 150 像素/英寸，颜色模式为 RGB，背景内容为白色。将前景色设为深蓝色（其 R、G、B 的值分别为 7、15、43）。按 Alt+Delete 组合键，用前景色填充背景图层，效果如图 4-2 所示。

中秋贺卡正面底图

**STEP 2** 按 Ctrl + O 组合键，打开本书配套资源包中的"Ch04 > 素材 > 中秋贺卡正面设计 > 01"文件，选择"移动"工具 ，将图片拖曳到图像窗口中适当的位置，如图 4-3 所示。在"图层"控制面板中生成新的图层并将其命名为"星空"。

图 4-2

图 4-3

**STEP 3** 在"图层"控制面板上方，将"星空"图层的混合模式选项设为"滤色"，如图 4-4 所示。按 Enter 键，效果如图 4-5 所示。

图 4-4

图 4-5

**STEP 4** 在"图层"控制面板下方单击"添加图层蒙版"按钮 ，为图层添加蒙版，如图 4-6 所示。将前景色设为黑色。选择"画笔"工具 ，单击"画笔"选项右侧的按钮 ，在弹出的面板中选择需要的画笔形状，并设置适当的画笔大小，如图 4-7 所示。在属性栏中将"不透明度"和"流量"选项均设为 60%，在图像窗口中擦除不需要的图像，效果如图 4-8 所示。

图 4-6

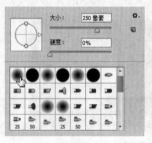

图 4-7

图 4-8

**STEP 5** 新建图层并将其命名为"蓝色"。将前景色设为蓝色（其 R、G、B 的值分别为 0、132、202）。选择"矩形选框"工具 ，在适当的位置绘制矩形选区，如图 4-9 所示。按 Alt+Delete 组合键填充选区。按 Ctrl+D 组合键取消选区，效果如图 4-10 所示。

图 4-9

图 4-10

**STEP 6** 单击"图层"控制面板下方的"添加图层蒙版"按钮 ，为图层添加蒙版，如图 4-11 所示。选择"画笔"工具 ，在图像窗口中擦除不需要的图像，效果如图 4-12 所示。

图 4-11

图 4-12

### 4.1.2 添加素材制作主体

**STEP 1** 按 Ctrl + O 组合键，打开本书配套资源包中的"Ch04 > 素材 > 中秋贺卡正面设计 > 02、03"文件，选择"移动"工具，分别将图片拖曳到图像窗口中适当的位置，如图 4-13 和图 4-14 所示。在"图层"控制面板中分别生成新的图层并将其命名为"丝带"和"花"。

图 4-13

图 4-14

**STEP 2** 按 Ctrl + O 组合键，打开本书配套资源包中的"Ch04 > 素材 > 中秋贺卡正面设计 > 04"文件，选择"移动"工具，将图片拖曳到图像窗口中适当的位置，如图 4-15 所示。在"图层"控制面板中生成新的图层并将其命名为"月亮"。

**STEP 3** 单击"图层"控制面板下方的"添加图层样式"按钮，在弹出的菜单中选择"外发光"命令，在弹出的对话框中进行设置，如图 4-16 所示。选择"投影"选项，弹出相应的对话框，参数设置如图 4-17 所示。单击"确定"按钮，效果如图 4-18 所示。

图 4-15

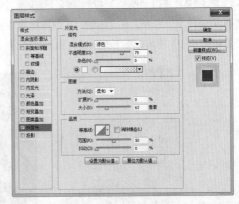

图 4-16

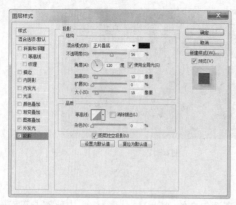

图 4-17                          图 4-18

**STEP⊿4** 单击"图层"控制面板下方的"创建新的填充或调整图层"按钮 ⚫.，在弹出的菜单中选择"黑白"命令，在"图层"控制面板中生成"黑白 1"图层，同时弹出相应的调整面板，单击"此调整影响下面所有图层"按钮 ⤵ 使其显示为"此调整剪切到此图层"按钮 ⤶，其他选项设置如图 4-19 所示。按 Enter 键，效果如图 4-20 所示。

图 4-19                          图 4-20

**STEP⊿5** 单击"图层"控制面板下方的"创建新的填充或调整图层"按钮 ⚫.，在弹出的菜单中选择"亮度/对比度"命令，在"图层"控制面板中生成"亮度/对比度 1"图层，同时弹出相应的调整面板，参数设置如图 4-21 所示。按 Enter 键，效果如图 4-22 所示。

图 4-21                          图 4-22

**STEP⊿6** 在"图层"控制面板中，将"花"图层拖曳到下方的"创建新图层"按钮 ◻ 上生成"花拷贝"图层，并将其拖曳到所有图层的上方，如图 4-23 所示。按 Ctrl+T 组合键，在图像周围出现变换框，拖曳鼠标将图像旋转到适当的角度，按 Enter 键确认操作，效果如图 4-24 所示。

图 4-23

图 4-24

**STEP 7** 单击"图层"控制面板下方的"添加图层样式"按钮 **fx.**，在弹出的菜单中选择"投影"命令，在弹出的对话框中进行设置，如图 4-25 所示。单击"确定"按钮，效果如图 4-26 所示。

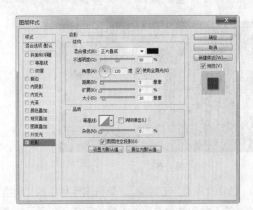

图 4-25

图 4-26

### 4.1.3　添加白色星光

**STEP 1** 新建图层并将其命名为"画笔1"。将前景色设为白色。选择"画笔"工具 **/**，单击属性栏中的"切换画笔面板"按钮 **⊡**，弹出"画笔"控制面板，选择需要的画笔形状，其他选项的设置如图 4-27 所示；选择"形状动态"选项，弹出相应的面板，选项的设置如图 4-28 所示；选择"散布"选项，弹出相应的面板，选项的设置如图4-29 所示。在图像窗口中拖曳鼠标绘制星光，效果如图 4-30 所示。

**STEP 2** 在"图层"控制面板上方，将"画笔 1"图层的"不透明度"选项设为 80%，如图 4-31所示。按 Enter 键，效果如图 4-32 所示。

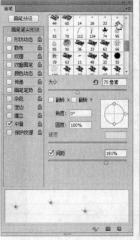

图 4-27

图 4-28

图 4-29                               图 4-30

图 4-31                               图 4-32

**STEP 3** 新建图层并将其命名为"画笔 2"。选择"画笔"工具，单击属性栏中的"切换画笔面板"按钮，弹出"画笔"控制面板，选择需要的画笔形状，其他选项的设置如图 4-33 所示。在图像窗口中拖曳鼠标绘制星光，效果如图 4-34 所示。

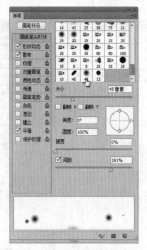

图 4-33                               图 4-34

**STEP 4** 在"图层"控制面板上方，将"画笔 2"图层的"不透明度"选项设为 70%，如图 4-35

所示。按 Enter 键，效果如图 4-36 所示。

图 4-35

图 4-36

**STEP 5** 贺卡正面底图制作完成。按 Ctrl+Shift+E 组合键，合并可见图层。按 Ctrl+S 组合键，弹出"存储为"对话框，将其命名为"贺卡正面底图"，并保存为 TIFF 格式。单击"保存"按钮，弹出"TIFF 选项"对话框，单击"确定"按钮，将图像保存。

## CorelDRAW 应用

### 4.1.4 制作主体文字

**STEP 1** 打开 CorelDRAW 软件，按 Ctrl+N 组合键，新建一个页面。在属性栏的"页面度量"选项中分别设置宽度为 200mm，高度为 120mm，按 Enter 键，页面显示为设置的大小。按 Ctrl+I 组合键，弹出"导入"对话框，打开本书配套资源包中的"Ch04 > 效果 > 中秋贺卡正面设计 > 贺卡正面底图"文件，单击"导入"按钮，在页面中单击导入图片，如图 4-37 所示。按 P 键，图片居中对齐页面，效果如图 4-38 所示。

中秋贺卡正面

图 4-37

图 4-38

**STEP 2** 按 Ctrl+I 组合键，弹出"导入"对话框，打开本书配套资源包中的"Ch04 > 素材 > 中秋贺卡正面设计 > 05、06"文件，单击"导入"按钮，在页面中分别单击导入图片，选择"选择"工具，调整其位置和大小，效果如图 4-39 所示。将两个文字同时选取，填充轮廓色为白色，效果如图 4-40 所示。

图 4-39

图 4-40

STEP 3 保持文字的选取状态。按 Alt+Enter 组合键，弹出“对象属性”泊坞窗，单击“轮廓”按钮，弹出相应的面板，单击“外部轮廓”按钮，其他选项的设置如图 4-41 所示，文字效果如图 4-42 所示。

图 4-41

图 4-42

STEP 4 按 Ctrl+I 组合键，弹出“导入”对话框，打开本书配套资源包中的“Ch04 > 素材 > 中秋贺卡正面设计 > 03”文件，单击“导入”按钮，在页面中单击导入图片，选择“选择”工具，将其拖曳到适当的位置并调整其大小，效果如图 4-43 所示。

STEP 5 按数字键盘上的+键，复制图片，并将其拖曳到页面空白处。选取导入的图片，选择“对象 > 图框精确剪裁 > 置于图文框内部”命令，鼠标光标变为黑色箭头形状，在文字“中”上单击鼠标，将图片置入文字中，效果如图 4-44 所示。

图 4-43

图 4-44

STEP 6 保持文字的选取状态，填充为白色，效果如图 4-45 所示。将复制的图片拖曳到适当的位置，如图 4-46 所示。

图 4-45

图 4-46

STEP 7 选择“对象 > 图框精确剪裁 > 置于图文框内部”命令，鼠标光标变为黑色箭头形状，在文字“秋”上单击鼠标，将图片置入文字中，效果如图 4-47 所示。单击下方的“编辑 PowerClip”按钮，如图 4-48 所示，进入编辑状态。

图 4-47　　　　　　　　　　　　　图 4-48

**STEP 8**　选择"选择"工具 ，将图片拖曳到适当的位置，如图 4-49 所示。单击"停止编辑内容"按钮 ，如图 4-50 所示，完成编辑，效果如图 4-51 所示。选择"文本"工具 ，在页面中输入需要的文字，选择"选择"工具 ，在属性栏中选取适当的字体并设置文字大小，填充文字为白色，效果如图 4-52 所示。

图 4-49　　　　　　　　　　　　　图 4-50

图 4-51　　　　　　　　　　　　　图 4-52

**STEP 9**　选择"椭圆形"工具 ，按住 Ctrl 键的同时，在页面中适当的位置绘制圆形，填充为白色，并去除图形的轮廓线，效果如图 4-53 所示。选择"文本"工具 ，在页面中输入需要的文字，选择"选择"工具 ，在属性栏中选取适当的字体并设置文字大小，填充文字为白色，效果如图 4-54 所示。

图 4-53　　　　　　　　　　　　　图 4-54

### 4.1.5 制作标志图形

**STEP 1** 选择"椭圆形"工具 ⬭，按住 Ctrl 键的同时，在页面中适当的位置绘制圆形，如图 4-55 所示。选择"多边形"工具 ⬠，按住 Ctrl 键的同时，在圆形内部绘制多边形，如图 4-56 所示。

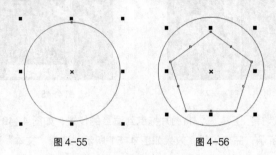

图 4-55　　　　　　　　　图 4-56

**STEP 2** 选择"变形"工具 ⬭，在多边形上拖曳鼠标以变形图形，如图 4-57 所示。松开鼠标后，效果如图 4-58 所示。

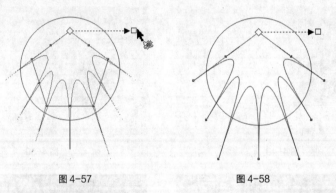

图 4-57　　　　　　　　　图 4-58

**STEP 3** 选择"选择"工具 �，向下拖曳上方中间的控制手柄到适当的位置，效果如图 4-59 所示。用圈选的方法将两个图形同时选取，单击属性栏中的"移除后面对象"按钮 ⬚，剪切后的效果如图 4-60 所示。

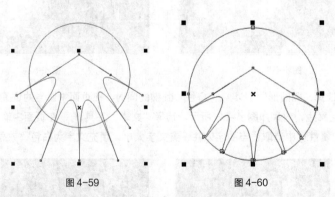

图 4-59　　　　　　　　　图 4-60

**STEP 4** 选取剪切后的图形，填充为白色，并将其拖曳到适当的位置，效果如图 4-61 所示。选择"文本"工具 字，在页面中分别输入需要的文字，选择"选择"工具 �，在属性栏中分别选取适当的字体并设置文字大小，填充文字为白色，效果如图 4-62 所示。中秋贺卡正面效果制作完成。

图 4-61　　　　　　　　　　　　　　　图 4-62

# 4.2　中秋贺卡背面设计

**案例学习目标**

学习在 Photoshop 中通过多个图片的融合制作贺卡底图。在 CorelDRAW 中导入图片并制作图框精确剪裁以制作主体文字，绘图工具和文本工具添加祝福文字。

**案例知识要点**

在 Photoshop 中，使用椭圆选框工具和高斯模糊命令制作背景虚光，使用矩形选框工具、定义图案命令和图案填充调整层制作背景图案，使用图层样式命令为图形添加样式，使用图层蒙版、画笔工具和投影命令制作花朵图案。在 CorelDRAW 中，使用文本工具、轮廓笔工具和图框精确剪裁命令制作主体文字，使用文字工具添加祝福语，使用矩形工具、直线工具、形状工具、复制命令和水平镜像按钮制作装饰图形。中秋贺卡背面设计效果如图 4-63 所示。

**效果所在位置**

资源包/Ch04/效果/中秋贺卡背面设计/中秋贺卡背面设计.cdr。

图 4-63

## Photoshop 应用

### 4.2.1　制作背景效果

**STEP 1** 打开 Photoshop 软件，按 Ctrl+N 组合键，新建一个文件：宽度为20cm，高度为 12cm，分辨率为 150 像素/英寸，颜色模式为 RGB，背景内容为白色，如图 4-64 所示。将前景色设为深蓝色（其 R、G、B 的值分别为 7、15、43）。按Alt+Delete 组合键，用前景色填充背景图层，效果如图 4-65 所示。

中秋贺卡背面底图

图 4-64                                    图 4-65

**STEP 2** 新建图层并将其命名为"虚光"。将前景色设为蓝色（其 R、G、B 的值分别为 0、132、202）。选择"椭圆选框"工具 ，在图像窗口中绘制椭圆选区，如图 4-66 所示。按 Alt+Delete 组合键，用前景色填充选区。按 Ctrl+D 组合键，取消选区，效果如图 4-67 所示。

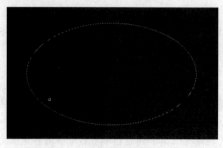

图 4-66                                    图 4-67

**STEP 3** 选择"滤镜 > 模糊 > 高斯模糊"命令，在弹出的对话框中进行设置，如图 4-68 所示，单击"确定"按钮，效果如图 4-69 所示。

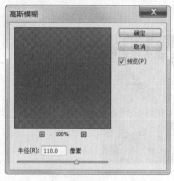

图 4-68                                    图 4-69

### 4.2.2 制作图案背景

**STEP 1** 按 Ctrl+O 组合键，打开本书配套资源包中的"Ch04 > 素材 > 中秋贺卡背面设计 > 01"文件，选择"移动"工具 ，将图片拖曳到图像窗口中适当的位置，如图 4-70 所示，在"图层"控制面板中生成新的图层。按住 Alt 键的同时，单击图层左侧的 图标，隐藏除本图层外的所有图层。

**STEP 2** 选择"矩形选框"工具 ，按住 Shift 键的同时，在图像窗口中绘制方形选区，如图 4-72 所示。选择"编辑 > 定义图案"命令，在弹出的对话框中进行设置，如图 4-72 所示。单击"确定"按钮，定义图案。按住 Alt 键的同时，单击图层左侧的 图标，显示所有图层。取消选区并删除本图层。

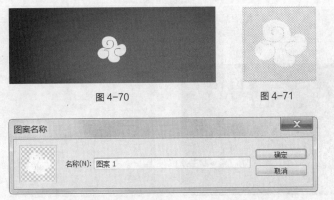

图 4-70　　　　　　　　　　　　　　　　图 4-71

图 4-72

**STEP 3** 单击"图层"控制面板下方的"创建新的填充或调整图层"按钮 ⊘，在弹出的菜单中选择"图案"命令，在"图层"控制面板中生成"图案填充 1"图层，同时弹出相应的对话框，选择刚定义的图案，其他选项的设置如图 4-73 所示，单击"确定"按钮，效果如图 4-74 所示。

**STEP 4** 在"图层"控制面板上方，将"图案填充 1"图层的混合模式选项设为"柔光"，"不透明度"选项设为 15%，如图 4-75 所示。按 Enter 键，效果如图 4-76 所示。

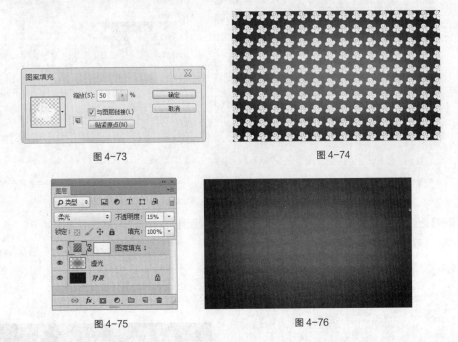

图 4-73　　　　　　　　　　　　　　　　图 4-74

图 4-75　　　　　　　　　　　　　　　　图 4-76

### 4.2.3　制作贺卡主体

**STEP 1** 按 Ctrl + O 组合键，打开本书配套资源包中的"Ch04 > 素材 > 中秋贺卡背面设计 > 02"文件，选择"移动"工具 ⊕，将图片拖曳到图像窗口中适当的位置，如图 4-77 所示。在"图层"控制面板中生成新的图层并将其命名为"图形"。

**STEP 2** 单击"图层"控制面板下方的"添加图层样式"按钮 fx，在弹出的菜单中选择"斜面和浮雕"命令，在弹出的对话框中进行设置，如图 4-78 所示。

图 4-77

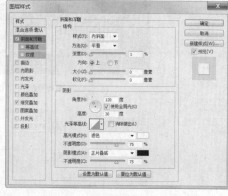

图 4-78

**STEP 3** 选择"等高线"选项，弹出相应的对话框，参数设置如图 4-79 所示。选择"渐变叠加"选项，弹出相应的对话框，单击"渐变"选项右侧的"点按可编辑渐变"按钮 ⬛⬛⬛⬛ ▼，弹出"渐变编辑器"对话框，将渐变色设为从浅黄色（其 R、G、B 的值分别为 255、247、214）到金黄色（其 R、G、B 的值分别为 240、200、79），将左侧色标的"位置"选项设为 73，如图 4-80 所示。

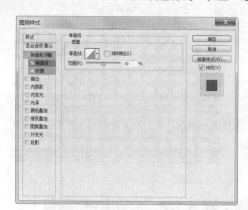

图 4-79

图 4-80

**STEP 4** 单击"确定"按钮，返回"渐变叠加"对话框，其他选项的设置如图 4-81 所示，单击"确定"按钮，效果如图 4-82 所示。

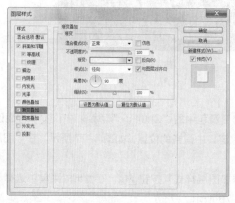

图 4-81

图 4-82

**STEP 5** 按 Ctrl + O 组合键，打开本书配套资源包中的"Ch04 > 素材 > 中秋贺卡背面设计 > 03"文件，选择"移动"工具 ▶+，将图片拖曳到图像窗口中适当的位置，如图 4-83 所示。在"图层"控制面板中生成新的图层并将其命名为"花"。

**STEP 6** 在"图层"控制面板下方单击"添加图层蒙版"按钮 ▣，为图层添加蒙版，如图 4-84 所示。将前景色设为黑色。选择"画笔"工具 ✎，单击"画笔"选项右侧的按钮 ·，在弹出的面板中选择需要的画笔形状，并设置适当的画笔大小，如图 4-85 所示。在图像窗口中单击擦除不需要的图像，效果如图 4-86 所示。

图 4-83 图 4-84

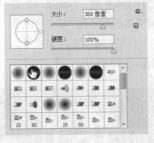

图 4-85 图 4-86

**STEP 7** 单击"图层"控制面板下方的"添加图层样式"按钮 *fx*，在弹出的菜单中选择"投影"命令，在弹出的对话框中进行设置，如图 4-87 所示，单击"确定"按钮，效果如图 4-88 所示。在"图层"控制面板中将其拖曳到"图形"图层的下方，图像效果如图 4-89 所示。

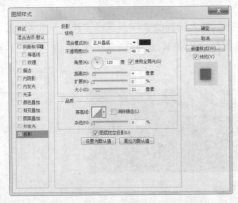

图 4-87 图 4-88 图 4-89

**STEP 8** 将"花"图层拖曳到控制面板下方的"创建新图层"按钮 ⬚ 上进行复制，生成新的拷贝图层，如图 4-90 所示。按 Ctrl+T 组合键，在图像周围出现变换框，在变换框中单击鼠标右键，在弹出的菜单中选择"水平翻转"命令，翻转图像，并将其拖曳到适当的位置，按 Enter 键确认操作，效果如图 4-91 所示。

图 4-90                                           图 4-91

## CorelDRAW 应用

### 4.2.4 制作祝福文字

**STEP 1** 打开 CorelDRAW 软件，按 Ctrl+N 组合键，新建一个页面。在属性栏的"页面度量"选项中分别设置宽度为 200mm，高度为 120mm，按 Enter 键，页面显示为设置的大小。按 Ctrl+I 组合键，弹出"导入"对话框，打开本书配套资源包中的"Ch04 > 效果 > 中秋贺卡背面设计 > 贺卡背面底图"文件，单击"导入"按钮，在页面中单击导入图片，如图 4-92 所示。按 P 键，图片居中对齐页面，效果如图 4-93 所示。

中秋贺卡背面设计

图 4-92                                           图 4-93

**STEP 2** 选择"文本"工具 字，在页面中分别输入需要的文字，选择"选择"工具 ，在属性栏中选取适当的字体并分别设置文字大小，设置文字颜色的 CMYK 值为 0、30、100、0，填充文字，效果如图 4-94 所示。

图 4-94

**STEP 3** 用圈选的方法将需要的文字同时选取。按 F12 键，弹出"轮廓笔"对话框，将"颜色"选项设为白色，其他选项的设置如图 4-95 所示。单击"确定"按钮，效果如图 4-96 所示。

图 4-95

图 4-96

**STEP 4** 选择"选择"工具 ，选取左侧的文字。选择"封套"工具 ，在文字周围出现封套控制点，如图 4-97 所示。分别拖曳需要的控制点到适当的位置，效果如图 4-98 所示。选择"选择"工具 ，用圈选的方法将需要的文字同时选取，按 Ctrl+G 组合键，组合对象，效果如图 4-99 所示。

图 4-97

图 4-98

图 4-99

**STEP 5** 按 Ctrl+I 组合键，弹出"导入"对话框，打开本书配套资源包中的"Ch04 > 素材 > 中秋贺卡正面设计 > 03"文件，单击"导入"按钮，在页面中单击导入图片，选择"选择"工具 ，将其拖曳到适当的位置并调整其大小，效果如图 4-100 所示。

**STEP 6** 选择"对象 > 图框精确剪裁 > 置于图文框内部"命令，鼠标光标变为黑色箭头形状，在文字上单击鼠标，将图片置入文字中，效果如图 4-101 所示。单击下方的"编辑 PowerClip"按钮 ，进入编辑状态，如图 4-102 所示。选择"选择"工具 ，将图片拖曳到适当的位置，如图 4-103 所示。

图 4-100

图 4-101

图 4-102

图 4-103

**STEP 7** 单击"停止编辑内容"按钮 ，完成编辑，效果如图 4-104 所示。选择"文本"工具 ，在页面中输入需要的文字，选择"选择"工具 , 在属性栏中选取适当的字体并设置文字大小，设置文字颜色的 CMYK 值为 0、30、100、0，填充文字，效果如图 4-105 所示。

图 4-104　　　　　　　　　　　　　　　　图 4-105

**STEP 8** 选择"椭圆形"工具 , 按住 Ctrl 键的同时，在适当的位置绘制圆形，设置图形颜色的 CMYK 值为 0、0、30、0，填充图形，并去除图形的轮廓线，效果如图 4-106 所示。选择"2 点线"工具 , 按住 Shift 键的同时，在适当的位置绘制直线，如图 4-107 所示。

图 4-106　　　　　　　　　　　　　　　　图 4-107

**STEP 9** 设置轮廓线颜色的 CMYK 值为 0、30、100、0，填充轮廓线。在属性栏中的"轮廓宽度" ![] .2 mm ▼ 框中设置数值为 0.5mm，效果如图 4-108 所示。选择"矩形"工具 , 在适当的位置绘制矩形，如图 4-109 所示。

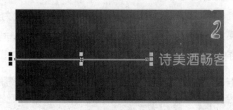

图 4-108　　　　　　　　　　　　　　　　图 4-109

**STEP 10** 设置图形颜色的 CMYK 值为 0、100、100、18，填充图形，并去除图形的轮廓线，效果如图 4-110 所示。选择"选择"工具 , 按数字键盘上的+键，复制图形，拖曳到适当的位置，再拖曳右侧中间的控制手柄到适当的位置改变形状，效果如图 4-111 所示。

图 4-110　　　　　　　　　　　　　　　　图 4-111

**STEP 11** 选择"对象 > 转换为曲线"命令，将矩形转换为曲线。选择"形状"工具 , 在适当的位置双击鼠标添加节点，并将其拖曳到适当的位置，效果如图 4-112 所示。选择"选择"工具 , 用圈选的方法将需要的图形同时选取，按数字键盘上的+键，复制图形。按住 Shift 键的同时，将其水平拖曳到适当的位置，如图 4-113 所示。

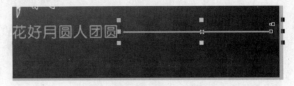

图 4-112

图 4-113

**STEP　12** 保持图形的选取状态，单击属性栏中的"水平镜像"按钮，镜像图形，效果如图 4-114 所示。中秋贺卡背面效果制作完成，如图 4-115 所示。

图 4-114

图 4-115

## 4.3　课后习题——圣诞节贺卡设计

**习题知识要点**

在 Photoshop 中，使用渐变工具制作背景效果，使用椭圆工具和高斯模糊命令制作月亮图形，使用椭圆工具和添加图层样式命令制作雪地，使用画笔工具制作雪花，使用椭圆工具和定义图案命令定义图案。在 CorelDRAW 中，使用贝塞尔工具、椭圆工具、星形工具、造形工具和调和工具制作雪人和圣诞老人，使用贝塞尔工具、文本工具和使文本适合路径命令添加路径文字，使用文本工具和形状工具添加祝福语，使用多边形工具、矩形工具和合并按钮制作松树。圣诞节贺卡效果如图 4-116 所示。

**效果所在位置**

资源包/Ch04/效果/圣诞节贺卡设计/圣诞节贺卡正面设计、圣诞节贺卡背面设计.cdr。

图 4-116

圣诞节贺卡正面底图

圣诞节贺卡正面

圣诞节贺卡背面

# 5

## 第 5 章
## 书籍装帧设计

精美的书籍装帧设计可以带给读者更多的阅读乐趣。一本好书是好的内容和好的书籍装帧的完美结合。本章主要讲解的是书籍的封面设计，封面设计包括书名、色彩、装饰元素以及作者和出版社名称等内容。本章以《探秘宇宙》封面为例，讲解封面的设计方法和制作技巧。

### 课堂学习目标

● 在 Photoshop 软件中制作书籍封面的底图

● 在 CorelDRAW 软件中添加书籍的相关内容和出版信息

## 5.1 《探秘宇宙》书籍封面设计

### ⊕ 案例学习目标

学习在 Photoshop 中使用参考线分割页面。使用图层面板、滤镜命令和画笔工具制作图片融合。在 CorelDRAW 中使用文本工具添加相关内容和出版信息。

### ⊕ 案例知识要点

在 Photoshop 中，使用新建参考线命令分割页面，使用图层的混合模式和不透明度选项制作图片融合，使用滤镜库命令制作图片的滤镜效果。在 CorelDRAW 中，使用文本工具和对象属性面板编辑文本，使用导入命令和置入图文框命令编辑图片，使用投影命令添加投影。《探秘宇宙》书籍封面效果如图 5-1 所示。

### ⊕ 效果所在位置

资源包/Ch05/效果/探秘宇宙书籍封面设计/探秘宇宙书籍封面.cdr。

图 5-1

## Photoshop 应用

### 5.1.1 绘制封面底图

**STEP⤒1** 打开 Photoshop 软件，按 Ctrl + N 组合键，新建一个文件：宽度为 36.1cm，高度为 25.6cm，分辨率为 150 像素/英寸，颜色模式为 RGB，背景内容为白色。选择"视图 > 新建参考线"命令，在弹出的对话框中进行设置，如图 5-2 所示。单击"确定"按钮，效果如图 5-3 所示。用相同的方法在 25.3cm 处新建参考线，如图 5-4 所示。

探秘宇宙书籍封面底图

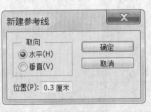

图 5-2

图 5-3

图 5-4

**STEP⤒2** 选择"视图 > 新建参考线"命令，在弹出的对话框中进行设置，如图 5-5 所示，单击"确定"按钮，如图 5-6 所示。用相同方法在 17.3cm、18.8cm 和 35.8cm 处新建参考线，如图 5-7 所示。

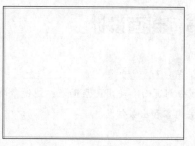

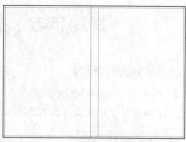

图 5-5　　　　　　　　　　　图 5-6　　　　　　　　　　　图 5-7

**STEP 3** 选择"渐变"工具 ，单击属性栏中的"点按可编辑渐变"按钮 ，弹出"渐变编辑器"对话框，将渐变色设为从紫黑色（其 R、G、B 的值分别为 17、4、32）到蓝黑色（其 R、G、B 的值分别为 5、3、26），如图 5-8 所示，单击"确定"按钮。在图像窗口中从下向上拖曳出渐变色，效果如图 5-9 所示。

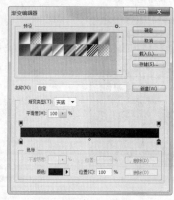

图 5-8　　　　　　　　　　　　　　　图 5-9

### 5.1.2　制作底图融合

**STEP 1** 按 Ctrl + O 组合键，打开本书配套资源包中的"Ch05 > 素材 > 探秘宇宙书籍封面设计 > 01"文件，选择"移动"工具 ，将图片拖曳到图像窗口中适当的位置，如图 5-10 所示。在"图层"控制面板中生成新的图层并将其命名为"01"。

**STEP 2** 在"图层"控制面板上方，将"01"图层的混合模式选项设为"明度"，如图 5-11 所示，图像窗口中的效果如图 5-12 所示。

图 5-10　　　　　　　　　　　图 5-11　　　　　　　　　　　图 5-12

**STEP 3** 在"图层"控制面板下方单击"添加图层蒙版"按钮 ，为图层添加蒙版，如图 5-13

所示。将前景色设为黑色。选择"画笔"工具 ，单击"画笔"选项右侧的按钮 ，在弹出的面板中选择需要的画笔形状，并设置适当的画笔大小，如图 5-14 所示。在属性栏中将"不透明度"和"流量"选项均设为 60%，在图像窗口中擦除不需要的图像，效果如图 5-15 所示。

图 5-13

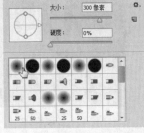
图 5-14

图 5-15

STEP 4 按 Ctrl＋O 组合键，打开本书配套资源包中的"Ch05 ＞ 素材 ＞ 探秘宇宙书籍封面设计 ＞ 02"文件，选择"移动"工具 ，将图片拖曳到图像窗口中适当的位置，如图 5-16 所示。在"图层"控制面板中生成新的图层并将其命名为"02"。

STEP 5 在"图层"控制面板上方，将"02"图层的"不透明度"选项设为 53%，如图 5-17 所示，图像窗口中的效果如图 5-18 所示。

图 5-16

图 5-17

图 5-18

STEP 6 选择"滤镜 ＞ 滤镜库"命令，在弹出的对话框中进行设置，如图 5-19 所示。单击"确定"按钮，效果如图 5-20 所示。

图 5-19

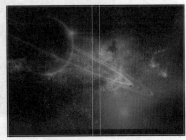
图 5-20

**STEP 7** 在"图层"控制面板下方单击"添加图层蒙版"按钮 ▣ ，为图层添加蒙版，如图 5-21 所示。选择"画笔"工具 ✎ ，在图像窗口中擦除不需要的图像，效果如图 5-22 所示。

图 5-21  　　图 5-22

### 5.1.3 添加宇宙图形

**STEP 1** 按 Ctrl + O 组合键，打开本书配套资源包中的"Ch05 > 素材 > 探秘宇宙书籍封面设计 > 03"文件，选择"移动"工具 ▶⊹ ，将图片拖曳到图像窗口中适当的位置，如图 5-23 所示。在"图层"控制面板中生成新的图层并将其命名为"03"。

**STEP 2** 在"图层"控制面板下方单击"添加图层蒙版"按钮 ▣ ，为图层添加蒙版，如图 5-24 所示。选择"画笔"工具 ✎ ，在图像窗口中擦除不需要的图像，效果如图 5-25 所示。

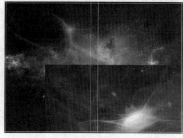

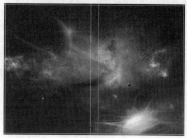

图 5-23  　　图 5-24  　　图 5-25

**STEP 3** 按 Ctrl + O 组合键，打开本书配套资源包中的"Ch05 > 素材 > 探秘宇宙书籍封面设计 > 04"文件，选择"移动"工具 ▶⊹ ，将图片拖曳到图像窗口中适当的位置，如图 5-26 所示。在"图层"控制面板中生成新的图层并将其命名为"04"。

**STEP 4** 在"图层"控制面板下方单击"添加图层蒙版"按钮 ▣ ，为图层添加蒙版。选择"画笔"工具 ✎ ，在图像窗口中擦除不需要的图像，效果如图 5-27 所示。

图 5-26  　　图 5-27

**STEP⟨5⟩** 按 Ctrl + O 组合键，打开本书配套资源包中的"Ch05 > 素材 > 探秘宇宙书籍封面设计 > 05"文件，选择"移动"工具 ，将图片拖曳到图像窗口中适当的位置，如图 5-28 所示。在"图层"控制面板中生成新的图层并将其命名为"05"。

**STEP⟨6⟩** 在"图层"控制面板下方单击"添加图层蒙版"按钮 ，为图层添加蒙版。选择"画笔"工具 ，在图像窗口中擦除不需要的图像，效果如图 5-29 所示。

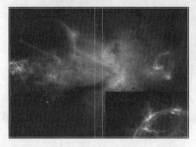 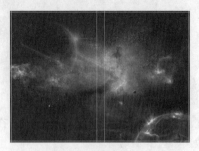

图 5-28　　　　　　　　　　　　　图 5-29

**STEP⟨7⟩** 选择"滤镜 > 滤镜库"命令，在弹出的对话框中进行设置，如图 5-30 所示。单击"确定"按钮，效果如图 5-31 所示。

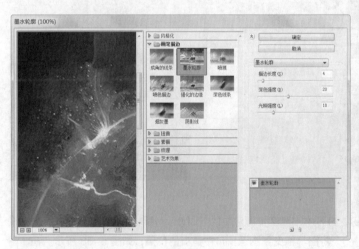 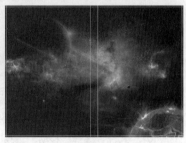

图 5-30　　　　　　　　　　　　　图 5-31

**STEP⟨8⟩** 按 Ctrl + O 组合键，打开本书配套资源包中的"Ch05 > 素材 > 探秘宇宙书籍封面设计 > 06"文件，选择"移动"工具 ，将图片拖曳到图像窗口中适当的位置，如图 5-32 所示。在"图层"控制面板中生成新的图层并将其命名为"06"。

**STEP⟨9⟩** 在"图层"控制面板下方单击"添加图层蒙版"按钮 ，为图层添加蒙版。选择"画笔"工具 ，在图像窗口中擦除不需要的图像，效果如图 5-33 所示。

图 5-32　　　　　　　　　　　　　图 5-33

**STEP 10** 在"图层"控制面板上方，将"06"图层的混合模式选项设为"颜色加深"，将"不透明度"选项设为 75%，如图 5-34 所示，图像窗口中的效果如图 5-35 所示。

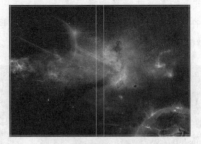

图 5-34                图 5-35

**STEP 11** 选择"滤镜 > 滤镜库"命令，在弹出的对话框中进行设置，如图 5-36 所示。单击"确定"按钮，效果如图 5-37 所示。

图 5-36                图 5-37

**STEP 12** 按 Ctrl + O 组合键，打开本书配套资源包中的"Ch05 > 素材 > 探秘宇宙书籍封面设计 > 07"文件，选择"移动"工具，将图片拖曳到图像窗口中适当的位置，如图 5-38 所示。在"图层"控制面板中生成新的图层并将其命名为"07"。

**STEP 13** 在"图层"控制面板上方，将"07"图层的混合模式选项设为"叠加"，如图 5-39 所示，图像窗口中的效果如图 5-40 所示。

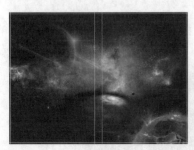

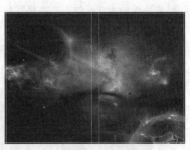

图 5-38                图 5-39                图 5-40

**STEP 14** 按 Ctrl + O 组合键，打开本书配套资源包中的"Ch05 > 素材 > 探秘宇宙书籍封面设计 > 08"文件，选择"移动"工具，将图片拖曳到图像窗口中适当的位置，如图 5-41 所示。在"图层"控制面板中生成新的图层并将其命名为"08"。

**STEP 15** 在"图层"控制面板上方，将"08"图层的混合模式选项设为"颜色减淡"，如图 5-42 所示，图像窗口中的效果如图 5-43 所示。

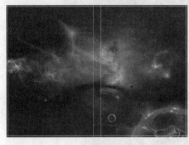  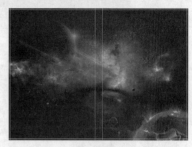

图 5-41　　　　　　　　　　图 5-42　　　　　　　　　　图 5-43

**STEP 16** 按 Ctrl + O 组合键，打开本书配套资源包中的"Ch05 > 素材 > 探秘宇宙书籍封面设计 > 09"文件，选择"移动"工具，将图片拖曳到图像窗口中适当的位置，如图 5-44 所示。在"图层"控制面板中生成新的图层并将其命名为"09"。

**STEP 17** 单击"图层"控制面板下方的"添加图层样式"按钮 fx，在弹出的菜单中选择"外发光"命令，弹出对话框，将发光颜色设为白色，其他选项的设置如图 5-45 所示。单击"确定"按钮，效果如图 5-46 所示。

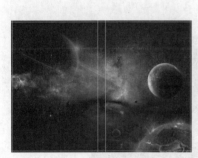 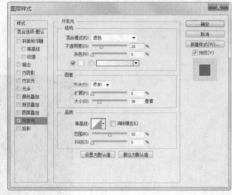 

图 5-44　　　　　　　　　　图 5-45　　　　　　　　　　图 5-46

**STEP 18** 按 Ctrl + O 组合键，打开本书配套资源包中的"Ch05 > 素材 > 探秘宇宙书籍封面设计 > 10"文件，选择"移动"工具，将图片拖曳到图像窗口中适当的位置，如图 5-47 所示。在"图层"控制面板中生成新的图层并将其命名为"10"。

**STEP 19** 在"图层"控制面板下方单击"添加图层蒙版"按钮，为图层添加蒙版。选择"画笔"工具，在图像窗口中擦除不需要的图像，效果如图 5-48 所示。

**STEP 20** 在"图层"控制面板上方，将"10"图层的混合模式选项设为"颜色减淡"，如图 5-49 所示，图像窗口中的效果如图 5-50 所示。

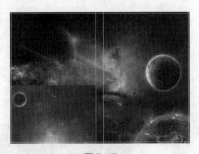

图 5-47

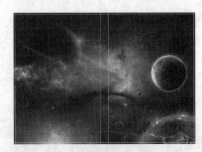

图 5-48

图 5-49

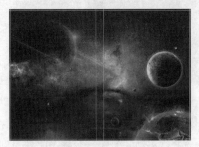

图 5-50

**STEP 21** 单击"图层"控制面板下方的"创建新的填充或调整图层"按钮 ，在弹出的菜单中选择"曲线"命令，在"图层"控制面板中生成"曲线 1"图层，同时弹出相应的调整面板，单击添加调整点，将"输入"选项设为 196，"输出"选项设为 204；再次单击添加调整点，将"输入"选项设为 70，"输出"选项设为 52，其他选项的设置如图 5-51 所示。按 Enter 键，效果如图 5-52 所示。

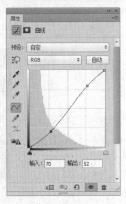

图 5-51

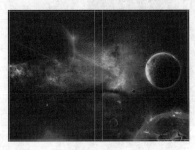

图 5-52

**STEP 22** 书籍封面底图制作完成。按 Ctrl+Shift+E 组合键，合并可见图层。按 Ctrl+S 组合键，弹出"存储为"对话框，将其命名为"书籍封面底图"，并保存为 TIFF 格式。单击"保存"按钮，弹出"TIFF 选项"对话框，单击"确定"按钮，将图像保存。

## CorelDRAW 应用

### 5.1.4 制作封面底图

**STEP 1** 打开 CorelDRAW 软件，按 Ctrl+N 组合键，新建一个页面。在属

探秘宇宙书籍封面设计 1

性栏的"页面度量"选项中分别设置宽度为 355mm，高度为 250mm，按 Enter 键，页面显示为设置的大小，如图 5-53 所示。选择"视图 > 页 > 出血"命令，在页面周围显示出血，如图 5-54 所示。

图 5-53　　　　　　　　　　　　　　　图 5-54

**STEP 2** 按 Ctrl+J 组合键，弹出"选项"对话框，选择"辅助线/水平"选项，在"文字框"中设置数值为 0，如图 5-55 所示。单击"添加"按钮，在页面中添加一条水平辅助线。用相同的方法在 355mm 处添加 1 条水平辅助线，单击"确定"按钮，效果如图 5-56 所示。

图 5-55　　　　　　　　　　　　　　　图 5-56

**STEP 3** 按 Ctrl+J 组合键，弹出"选项"对话框，选择"辅助线/垂直"选项，在"文字框"中设置数值为 0，如图 5-57 所示。单击"添加"按钮，在页面中添加一条垂直辅助线。用相同的方法在 170mm、185mm、355mm 处添加 3 条垂直辅助线，单击"确定"按钮，效果如图 5-58 所示。

图 5-57　　　　　　　　　　　　　　　图 5-58

**STEP 4** 按 Ctrl+I 组合键，弹出"导入"对话框，打开本书配套资源包中的"Ch05 > 素材 > 探秘宇宙书籍封面设计 > 书籍封面底图"文件，单击"导入"按钮，在页面中单击导入图片，如图 5-59 所示。按 P 键，图片居中对齐页面，效果如图 5-60 所示。

图 5-59　　　　　　　　　　　　　　图 5-60

### 5.1.5　添加书名和作者

**STEP 1** 选择"文本"工具 ，在页面中分别输入需要的文字，选择"选择"工具 ，在属性栏中分别选取适当的字体并设置文字大小，填充文字为白色，效果如图 5-61 所示。选取最上方的文字，按 Alt+Enter 组合键，弹出"对象属性"泊坞窗，单击"段落"按钮 ，弹出相应的泊坞窗，选项的设置如图 5-62 所示。按 Enter 键，文字效果如图 5-63 所示。

图 5-61　　　　　　　　　图 5-62　　　　　　　　　图 5-63

**STEP 2** 选取中间的文字，在"对象属性"泊坞窗中选项的设置如图 5-64 所示。按 Enter 键，文字效果如图 5-65 所示。

图 5-64　　　　　　　　　图 5-65

**STEP 3** 选取下方的文字，在"对象属性"泊坞窗中选项的设置如图 5-66 所示。按 Enter 键，文字效果如图 5-67 所示。

图 5-66　　　　　　　　　　　　　　　图 5-67

**STEP 4** 保持文字的选取状态。选择"对象 > 转换为曲线"命令，将文字转换为曲线，如图 5-68 所示。选择"对象 > 拆分曲线"命令，拆分文字曲线，如图 5-69 所示。选择"选择"工具，选取不需要的图形，按 Delete 键，删除图形，如图 5-70 所示。

**STEP 5** 选择"椭圆形"工具，按住 Ctrl 键的同时，在适当的位置绘制圆形，填充为白色，并去除图形的轮廓线，效果如图 5-71 所示。

图 5-68　　　　　　　　　　　　　　　图 5 69

图 5-70　　　　　　　　　　　　　　　图 5-71

**STEP 6** 选择"选择"工具，按数字键盘上的+键，复制圆形。按住 Shift 键的同时，拖曳右上角的控制手柄，等比例缩小图形，如图 5-72 所示。

**STEP 7** 按 Ctrl+I 组合键，弹出"导入"对话框，打开本书配套资源包中的"Ch03 > 素材 > 探秘宇宙书籍封面设计 > 11"文件，单击"导入"按钮，在页面中单击导入图片，选择"选择"工具，将其拖曳到适当的位置并调整其大小，效果如图 5-73 所示。

**STEP 8** 选取导入的图片，选择"对象 > 图框精确剪裁 > 置于图文框内部"命令，鼠标光标变为黑色箭头形状，在复制的圆形上单击鼠标，将图片置入圆形中，效果如图 5-74 所示。单击下方的 ▶ 按钮，在弹出的菜单中选择"内容居中"命令，图片居中，效果如图 5-75 所示。

图 5-72

图 5-73

图 5-74

图 5-75

**STEP 9** 选择"选择"工具 ，将需要的文字同时选取。选择"投影"工具 ，在文字上从上向下拖曳光标，在属性栏中的设置如图 5-76 所示，效果如图 5-77 所示。

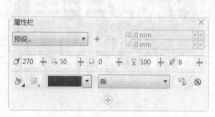

图 5-76

图 5-77

**STEP 10** 选择"文本"工具 ，在页面中分别输入需要的文字，选择"选择"工具 ，在属性栏中分别选取适当的字体并设置文字大小，填充文字为白色，效果如图 5-78 所示。选取上方的文字，在"对象属性"泊坞窗中选项的设置如图 5-79 所示。按 Enter 键，文字效果如图 5-80 所示。

图 5-78

图 5-79

图 5-80

**STEP**  11 选取下方的文字，在"对象属性"泊坞窗中选项的设置如图 5-81 所示。按 Enter 键，文字效果如图 5-82 所示。

图 5-81

图 5-82

**STEP** 12 选择"文本"工具 字，在页面中输入需要的文字，选择"选择"工具 ，在属性栏中选取适当的字体并设置文字大小，单击"文本对齐"按钮 ，在弹出的菜单中选择"右"对齐按钮，如图 5-83 所示，对齐文字。填充文字为白色，效果如图 5-84 所示。选取文字，在"对象属性"泊坞窗中选项的设置如图 5-85 所示。按 Enter 键，文字效果如图 5-86 所示。

图 5-83　　　　图 5-84

图 5-85

图 5-86

### 5.1.6　制作标牌

**STEP** 1 选择"矩形"工具 ，在页面上方绘制矩形。设置图形颜色的 CMYK 值为 0、20、100、0，填充图形，并去除图形的轮廓线，效果如图 5-87 所示。选择"文本"工具 字，在页面中分别输入需要的文字，选择"选择"工具 ，在属性栏中分别选取适当的字体并设置文字大小，如图 5-88 所示。

图 5-87

ZUIXIN ZUIQUANDE KEPU BAIKE QUANSHU　　　　　　最新最全的科普百科全书

图 5-88

**STEP⬇2** 选择"选择"工具 ⬚，选取右侧的文字。在"对象属性"泊坞窗中选项的设置如图 5-89 所示。按 Enter 键，文字效果如图 5-90 所示。

图 5-89

图 5-90

**STEP⬇3** 按 Ctrl+I 组合键，弹出"导入"对话框，打开本书配套资源包中的"Ch03 > 素材 > 探秘宇宙书籍封面设计 > 12"文件，单击"导入"按钮，在页面中单击导入图片，选择"选择"工具 ⬚，将其拖曳到适当的位置并调整其大小，效果如图 5-91 所示。

**STEP⬇4** 选择"文本"工具 ，在页面中输入需要的文字，选择"选择"工具 ⬚，在属性栏中选取适当的字体并设置文字大小，单击"文本对齐"按钮 ，在弹出的菜单中选择"居中"对齐按钮，对齐文字。填充文字为白色，效果如图 5-92 所示。

图 5-91

图 5-92

**STEP⬇5** 选择"选择"工具 ⬚，选取文字。在"对象属性"泊坞窗中选项的设置如图 5-93 所示。按 Enter 键，文字效果如图 5-94 所示。

图 5-93

图 5-94

**STEP⬇6** 选择"星形"工具 ，在属性栏中的"锐度" ▲53 ⬚ 框中设置数值为 35，在页面中拖曳鼠标绘制星形。填充为白色，并去除图形的轮廓线，效果如图 5-95 所示。选择"选择"工具，按两次数字键盘上的+键，复制星形。分别将其拖曳到适当的位置，效果如图 5-96 所示。

图 5-95　　　　　　　　　　　　　　　图 5-96

**STEP 7** 选择"选择"工具，选择需要的文字。选择"投影"工具，在文字上从上向下拖曳光标，在属性栏中的设置如图 5-97 所示，效果如图 5-98 所示。

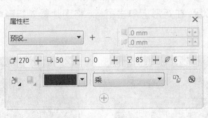

图 5-97　　　　　　　　　　　　　　　图 5-98

**STEP 8** 选择"选择"工具，按住 Shift 键的同时，选择需要的星形。选择"投影"工具，在图形上从中间向右拖曳光标，在属性栏中的设置如图 5-99 所示，效果如图 5-100 所示。

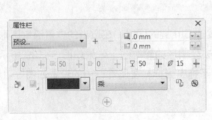

图 5-99　　　　　　　　　　　　　　　图 5-100

### 5.1.7　添加装饰图形

**STEP 1** 选择"矩形"工具，在页面上方绘制矩形，填充图形为黑色，并去除图形的轮廓线，效果如图 5-101 所示。选择"选择"工具，按数字键盘上的+键，复制图形。将其拖曳到适当的位置，设置图形颜色的 CMYK 值为 0、20、100、0，填充图形，并去除图形的轮廓线，效果如图 5-102 所示。

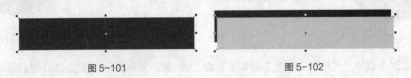

图 5-101　　　　　　　　　　　　　　图 5-102

**STEP 2** 选择"选择"工具，将两个矩形同时选取，在属性栏中的"旋转角度"框中设置数值为 41.7，按 Enter 键，效果如图 5-103 所示。选择"调和"工具 🔳，在两个矩形上单击鼠标创建调和，属性栏中的设置如图 5-104 所示，效果如图 5-105 所示。

图 5-103　　　　　　　　　图 5-104　　　　　　　　　图 5-105

**STEP 3** 选择"选择"工具 🔳，将调和图形拖曳到适当的位置，如图 5-106 所示。选择"矩形"工具 🔳，在适当的位置绘制矩形，如图 5-107 所示。选取调和图形，选择"对象 > 图框精确剪裁 > 置于图文框内部"命令，鼠标光标变为黑色箭头形状，在矩形上单击鼠标，将图片置入矩形中，效果如图 5-108 所示。

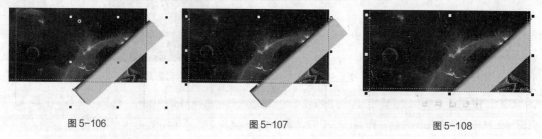

图 5-106　　　　　　　　　图 5-107　　　　　　　　　图 5-108

### 5.1.8　制作奖牌图形

**STEP 1** 选择"椭圆形"工具 🔳，按住 Ctrl 键的同时，在适当的位置绘制圆形，设置图形颜色的 CMYK 值为 0、100、100、0，填充图形，并去除图形的轮廓线，效果如图 5-109 所示。保持圆形的选取状态。选择"投影"工具 🔳，在图形上从上向下拖曳光标，在属性栏中的设置如图 5-110 所示，效果如图 5-111 所示。

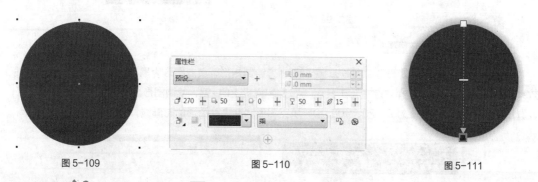

图 5-109　　　　　　　　　图 5-110　　　　　　　　　图 5-111

**STEP 2** 选择"选择"工具 🔳，按数字键盘上的+键，复制圆形。按住 Shift 键的同时，拖曳右上角的控制手柄，等比例缩小图形，如图 5-112 所示。设置图形填充色为无，设置轮廓线颜色的 CMYK 值为 0、0、30、0，填充图形的轮廓线，效果如图 5-113 所示。

**STEP⤵3** 选择"文本"工具 字，在适当的位置分别输入需要的文字，选择"选择"工具 ，在属性栏中分别选取适当的字体并设置文字大小，填充文字为白色，效果如图 5-114 所示。

图 5-112　　　　　　　　　　　　图 5-113　　　　　　　　　　　　图 5-114

**STEP⤵4** 选取最上方的文字。在"对象属性"泊坞窗中选项的设置如图 5-115 所示。按 Enter 键，文字效果如图 5-116 所示。

图 5-115　　　　　　　　　　　　　　图 5-116

**STEP⤵5** 选取需要的文字。在"对象属性"泊坞窗中选项的设置如图 5-117 所示。按 Enter 键，文字效果如图 5-118 所示。

图 5-117　　　　　　　　　　　　　　图 5-118

**STEP⤵6** 选取下方的文字。在"对象属性"泊坞窗中选项的设置如图 5-119 所示。按 Enter 键，文字效果如图 5-120 所示。

图 5-119 图 5-120

**STEP7** 选取需要的文字。设置文字颜色的 CMYK 值为 0、20、100、0，填充文字，效果如图 5-121 所示。选择"2 点线"工具，按住 Shift 键的同时，在适当的位置绘制直线，填充轮廓线为白色，效果如图 5-122 所示。

**STEP8** 保持直线的选取状态。在"对象属性"泊坞窗中单击"轮廓"按钮，弹出相应的泊坞窗，选项的设置如图 5-123 所示。按 Enter 键，直线效果如图 5-124 所示。

图 5-121 图 5-122 图 5-123 图 5-124

**STEP9** 选择"星形"工具，在属性栏中的"锐度"框中设置数值为 35，在页面中拖曳光标绘制星形。设置图形颜色的 CMYK 值为 0、0、30、0，填充图形，并去除图形的轮廓线，效果如图 5-125 所示。

**STEP10** 选择"选择"工具，按数字键盘上的+键，复制星形。按住 Shift 键的同时，拖曳右上角的控制手柄，等比例缩小图形，并拖曳到适当的位置，效果如图 5-126 所示。用相同的方法制作左侧的星形，效果如图 5-127 所示。

图 5-125 图 5-126 图 5-127

**STEP11** 选择"选择"工具，选取需要的星形。按数字键盘上的+键，复制星形，并将其拖曳到适当的位置，效果如图 5-128 所示。用相同的方法复制星形，并调整其位置，效果如图 5-129 所示。用圈选的方法将所有图形和文字同时选取，按 Ctrl+G 组合键组合对象，效果如图 5-130 所示。

图 5-128          图 5-129          图 5-130

**STEP 12** 选择"选择"工具 ，将组合后的图形拖曳到适当的位置，效果如图 5-131 所示。在属性栏中的"旋转角度" 框中设置数值为 41.2，旋转图形，效果如图 5-132 所示。

图 5-131          图 5-132

### 5.1.9  添加出版信息

**STEP 1** 选择"流程图形状"工具 ，在属性栏中单击"完美形状"按钮 ，在弹出的面板中选择需要的形状，如图 5-133 所示，在页面中拖曳光标绘制图形。设置图形颜色的 CMYK 值为 0、100、100、0，填充图形，并去除图形的轮廓线，效果如图 5-134 所示。

**STEP 2** 选择"选择"工具 ，按数字键盘上的+键，复制形状。按住 Shift 键的同时，拖曳右上角的控制手柄，等比例缩小图形，并将其拖曳到适当的位置，效果如图 5-135 所示。按数字键盘上的+键，再次复制形状，并将其拖曳到适当的位置，效果如图 5-136 所示。

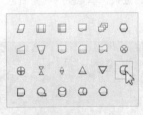          

图 5-133                    图 5-134

图 5-135

图 5-136

**STEP 3** 选择"文本"工具 ，在适当的位置分别输入需要的文字，选择"选择"工具 ，在属性栏中分别选取适当的字体并设置文字大小，填充文字为白色，效果如图 5-137 所示。用圈选的方法将所有图形和文字同时选取，按 Ctrl+G 组合键，组合对象，效果如图 5-138 所示。

图 5-137

图 5-138

**STEP 4** 选择"流程图形状"工具 ，在属性栏中单击"完美形状"按钮 ，在弹出的面板中选择需要的形状，如图 5-139 所示，在页面中拖曳鼠标绘制图形。设置图形颜色的 CMYK 值为 0、100、100、0，填充图形，并去除图形的轮廓线，效果如图 5-140 所示。

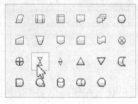

图 5-139

图 5-140

**STEP 5** 选择"选择"工具 ，按数字键盘上的+键，复制形状。在属性栏中的"旋转角度"框中设置数值为 270，旋转图形，效果如图 5-141 所示。选择"文本"工具 ，在适当的位置分别输入需要的文字，选择"选择"工具 ，在属性栏中分别选取适当的字体并设置文字大小，填充文字为白色，效果如图 5-142 所示。

**STEP 6** 用圈选的方法将所有图形和文字同时选取，按 Ctrl+G 组合键组合对象，效果如图 5-143 所示。选择"2 点线"工具 ，按住 Shift 键的同时，在适当的位置绘制直线，填充轮廓线为白色，效果如图 5-144 所示。

图 5-141

图 5-142

图 5-143　　　　　　　　　　　　　　图 5-144

**STEP 7** 选择"选择"工具 ，选取左侧的组合图形。选择"投影"工具 ，在图形上从上向下拖曳光标，效果如图 5-145 所示。选择"选择"工具 ，选取右侧的组合图形。选择"投影"工具 ，在图形上从上向下拖曳光标，效果如图 5-146 所示。

图 5-145　　　　　　　　　　　　　　图 5-146

### 5.1.10　添加封底图片

**STEP 1** 选择"矩形"工具 ，单击属性栏中的"圆角"按钮 ，在"圆角半径" 框中设置数值为 6.0mm，在属性栏中的"轮廓宽度" 框中设置数值为 0.25mm，在页面中绘制圆角矩形，填充轮廓色为白色，效果如图 5-147 所示。

探秘宇宙书籍封面设计 2

**STEP 2** 选择"矩形"工具 ，在圆角矩形内绘制矩形，设置图形颜色的 CMYK 值为 0、20、100、0，填充图形，并去除图形的轮廓线，效果如图 5-148 所示。

图 5-147　　　　　　　　　　　　　　图 5-148

**STEP 3** 选择"选择"工具 ，按数字键盘上的+键，复制矩形，填充为白色。按住 Shift 键的同时，拖曳右上角的控制手柄，等比例缩小图形，并将其拖曳到适当的位置，效果如图 5-149 所示。按 Ctrl+I 组合键，弹出"导入"对话框，打开本书配套资源包中的"Ch05 > 素材 > 探秘宇宙书籍封面设计 > 13"文件，单击"导入"按钮，在页面中单击导入图片。选择"选择"工具 ，将其拖曳到适当的位置并调整其大小，效果如图 5-150 所示。

**STEP 4** 选择"对象 > 图框精确剪裁 > 置于图文框内部"命令，鼠标光标变为黑色箭头形状，在矩形上单击光标，将图片置入矩形中，效果如图 5-151 所示。用相同的方法绘制矩形，并制作图片的置入效果，如图 5-152 所示。

图 5-149

图 5-150

图 5-151

图 5-152

### 5.1.11　添加封底信息

**STEP 1** 选择"文本"工具，在适当的位置分别输入需要的文字，选择"选择"工具，在属性栏中分别选取适当的字体并设置文字大小，填充文字为白色，效果如图 5-153 所示。选取上方的文字，在"对象属性"泊坞窗中选项的设置如图 5-154 所示。按 Enter 键，文字效果如图 5-155 所示。

图 5-153

图 5-154

图 5-155

**STEP 2** 选取下方的文字，在"对象属性"泊坞窗中选项的设置如图 5-156 所示。按 Enter 键，文字效果如图 5-157 所示。

图 5-156

图 5-157

**STEP 3** 选择"文本"工具 字，在适当的位置输入需要的文字，选择"选择"工具 ，在属性栏中选取适当的字体并设置文字大小，填充文字为白色，效果如图 5-158 所示。在"对象属性"泊坞窗中选项的设置如图 5-159 所示。按 Enter 键，文字效果如图 5-160 所示。

图 5-158

图 5-159

图 5-160

### 5.1.12　制作条形码

**STEP 1** 选择"矩形"工具 ，在适当的位置绘制矩形，将其填充为白色，并去除图形的轮廓线，效果如图 5-161 所示。选择"对象 > 插入条码"命令，弹出"条码向导"对话框，在各选项中按需要进行设置，如图 5-162 所示。设置完成后，单击"下一步"按钮，在设置区内按需要进行设置，如图 5-163 所示。

图 5-161

图 5-162

图 5-163

**STEP 2** 设置完成后，单击"下一步"按钮，在设置区内按需要进行各项设置，如图 5-164 所示。设置完成后，单击"完成"按钮，效果如图 5-165 所示。将条形码拖曳到适当的位置，效果如图 5-166 所示。选择"文本"工具 字，在适当的位置输入需要的文字，选择"选择"工具 ，在属性栏中选取适当的字体并设置文字大小，效果如图 5-167 所示。

图 5-164

图 5-165

图 5-166

图 5-167

**STEP 3** 选择"文本"工具 字，在适当的位置分别输入需要的文字，选择"选择"工具 ，在属性栏中分别选取适当的字体并设置文字大小，效果如图 5-168 所示。选取上方的文字，在"对象属性"泊坞窗中选项的设置如图 5-169 所示。按 Enter 键，文字效果如图 5-170 所示。

图 5-168

图 5-169

图 5-170

**STEP 4** 选取下方的文字，在"对象属性"泊坞窗中选项的设置如图 5-171 所示。按 Enter 键，文字效果如图 5-172 所示。

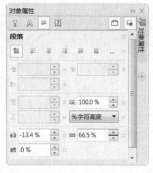
图 5-171

图 5-172

### 5.1.13　制作书籍书脊

**STEP 1** 选择"矩形"工具 ，在适当的位置绘制矩形，如图 5-173 所示。按 F11 键，弹出"编辑填充"对话框，选择"渐变填充"按钮 ，在"节点位置"选项中分别添加并输入 0、50、100 几个位置点，分别设置几个位置点颜色的 CMYK 值为 0（100、45、0、0）、50（100、100、50、0）、100（100、100、80、76），其他选项的设置如图 5-174 所示。单击"确定"按钮，填充图形，并去除图形的轮廓线，效果如图 5-175 所示。

图 5-173　　　　　　　　　　图 5-174　　　　　　　　　　图 5-175

**STEP　2** 选择"选择"工具 ，选取需要的图形和文字，按数字键盘上的+键，复制图形。调整其大小和位置后，效果如图 5-176 所示。选择"文本"工具 ，在适当的位置输入需要的文字，选择"选择"工具 ，在属性栏中选取适当的字体并设置文字大小，单击"将文本更改为垂直方向"按钮 ，垂直排列文字，效果如图 5-177 所示。

图 5-176　　　　图 5-177

**STEP　3** 保持文字选取状态。在"对象属性"泊坞窗中选项的设置如图 5-178 所示。按 Enter 键，文字效果如图 5-179 所示。

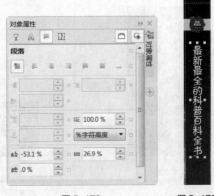

图 5-178　　　　　　图 5-179

**STEP 4** 选择"选择"工具，选取需要的文字，按数字键盘上的+键，复制文字。单击属性栏中的"将文本更改为垂直方向"按钮，垂直排列文字。调整其大小和位置，效果如图 5-180 所示。用相同的方法制作下方的文字，效果如图 5-181 所示。

**STEP 5** 选择"选择"工具，选取需要的文字，按数字键盘上的+键，复制文字。单击属性栏中的"清除阴影"按钮，清除阴影样式。单击"取消组合所有对象"按钮，取消组合。选取文字，单击属性栏中的"将文本更改为垂直方向"按钮，垂直排列文字。调整其大小和位置，效果如图 5-182 所示。《探秘宇宙》书籍封面制作完成，效果如图 5-183 所示。

图 5-180　　图 5-181　　图 5-182　　　　　　图 5-183

## 5.2　课后习题——《中国古玉年代鉴别》书籍封面设计

### 习题知识要点

在 Photoshop 中，使用添加杂色命令和高斯模糊命令制作背景效果，使用添加图层蒙版命令、渐变工具和混合模式命令制作背景文字图层，使用矩形选框工具和图层样式命令制作书名底图和倒影效果，使用多边形套索工具和文字工具制作图章效果。在 CorelDRAW 中，使用文本工具和轮廓笔工具制作书名，使用矩形工具、手绘工具和文本工具添加内容文字和出版信息。《中国古玉年代鉴别》书籍封面设计效果如图 5-184 所示。

### 效果所在位置

资源包/Ch05/效果/中国古玉年代鉴别书籍封面设计/中国古玉年代鉴别书籍封面.cdr。

图 5-184

中国古玉年代鉴别书籍
封面背景图 1

中国古玉年代鉴别书籍
封面背景图 2

中国古玉年代鉴别书籍
封面设计

# Chapter

# 6

# 第 6 章
# 唱片封面设计

唱片封面设计是应用设计的一个重要门类。唱片封面是音乐载体的外貌，不仅要体现出唱片的内容和性质，还要体现出音乐的美感。本章以古典音乐唱片的封面设计为例，讲解唱片封面的设计方法和制作技巧。

## 课堂学习目标

- 在 Photoshop 软件中制作唱片封面底图

- 在 CorelDRAW 软件中添加文字及出版信息

# 6.1 古典音乐唱片封面设计

## 案例学习目标

学习在 Photoshop 中使用绘图、画笔、填充、滤镜和图层面板制作唱片的封面底图。在 CorelDRAW 中使用文本工具和图形的绘制、编辑工具添加相关文字及出版信息。

## 案例知识要点

在 Photoshop 中使用新建参考线命令新建参考线，使用油漆桶工具制作背景的填充效果，使用矩形工具和创建剪贴蒙版命令制作图片剪切效果，使用模糊滤镜制作图片的模糊效果，使用添加图层蒙版命令和画笔工具制作图片的融合效果。在 CorelDRAW 中使用文本工具和对象属性面板添加内容文字，使用椭圆形工具、自定形状工具和图框精确剪裁命令制作标题的剪裁效果，使用贝塞尔工具绘制图形，使用椭圆形工具、矩形工具和文本工具添加出版信息。古典音乐唱片封面设计效果如图 6-1 所示。

## 效果所在位置

资源包/Ch06/效果/古典音乐唱片封面设计/古典音乐唱片封面.cdr。

图 6-1

## Photoshop 应用

### 6.1.1 绘制背景效果

**STEP 1** 打开 Photoshop 软件，按 Ctrl + N 组合键，新建一个文件：宽度为 30.45cm，高度为 13.2cm，分辨率为 300 像素/英寸，颜色模式为 RGB，背景内容为白色。选择"视图 > 新建参考线"命令，在弹出的对话框中进行设置，如图 6-2 所示，单击"确定"按钮，效果如图 6-3 所示。用相同的方法在 12.9cm 处新建参考线，如图 6-4 所示。

古典音乐唱片封面底图

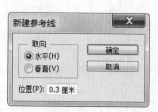

图 6-2

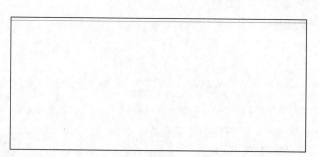

图 6-3

图 6-4

**STEP 2** 选择"视图 > 新建参考线"命令，在弹出的对话框中进行设置，如图 6-5 所示，单击"确定"按钮，效果如图 6-6 所示。用相同的方法在 14.6cm、15.85cm 和 30.15cm 处新建参考线，如图 6-7 所示。

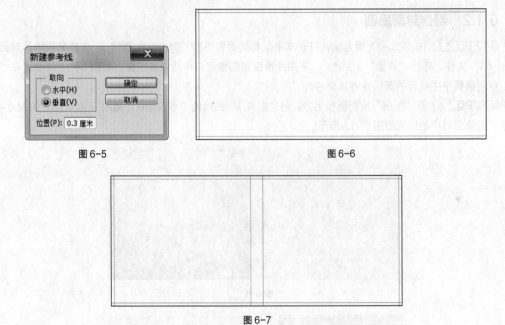

图 6-5

图 6-6

图 6-7

**STEP 3** 选择"油漆桶"工具，在属性栏中设置为"图案"填充，单击"图案"选项右侧的按钮，在弹出的面板中单击右上角的按钮，在弹出的菜单中选择"彩色纸"命令，弹出提示对话框，单击"追加"按钮。在面板中选择需要的图案，如图 6-8 所示。在图像窗口中单击鼠标填充图案，效果如图 6-9 所示。

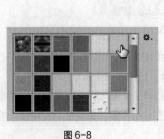

图 6-8

图 6-9

**STEP 4** 将前景色设为浅绿色（其 R、G、B 的值分别为 218、251、218）。选择"油漆桶"工具 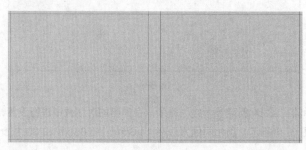，在属性栏中设置为"前景色"填充，混合模式选项设为"正片叠底"，在图像窗口中单击鼠标填充前景色，效果如图 6-10 所示。

图 6-10

### 6.1.2 制作封面底图

**STEP 1** 按 Ctrl+O 组合键，打开本书配套资源包中的"Ch06 > 素材 > 古典音乐唱片封面设计 > 01"文件，选择"移动"工具，将图片拖曳到图像窗口中适当的位置，如图 6-11 所示。在"图层"控制面板中生成新的图层并将其命名为"图片 1"。

**STEP 2** 在"图层"控制面板上方，将"图片 1"图层的"不透明度"选项设为 40%，如图 6-12 所示，图像窗口中的效果如图 6-13 所示。

图 6-11

图 6-12

图 6-13

**STEP 3** 新建图层并将其命名为"矩形 1"。将前景色设为白色。选择"矩形"工具，在属性栏的"选择工具模式"选项中选择"像素"，在图像窗口中绘制矩形，如图 6-14 所示。

**STEP 4** 按 Ctrl+O 组合键，打开本书配套资源包中的"Ch06 > 素材 > 古典音乐唱片封面设计 > 02"文件，选择"移动"工具，将图片拖曳到图像窗口中适当的位置，如图 6-15 所示。在"图

层"控制面板中生成新的图层并将其命名为"图片 2"。按 Ctrl+Alt+G 组合键，创建剪贴蒙版，效果如图
6-16 所示。

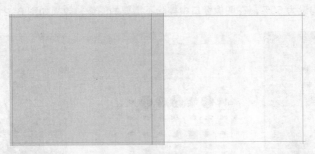

图 6-14

图 6-15

图 6-16

**STEP 5** 选择"矩形 1"图层，在控制面板上方将该图层的混合模式选项设为"正片叠底"，如
图 6-17 所示，图像效果如图 6-18 所示。

图 6-17

图 6-18

**STEP 6** 选取"图片 2"图层。在"图层"控制面板下方单击"添加图层蒙版"按钮，为图层

添加蒙版，如图 6-19 所示。将前景色设为黑色。选择"画笔"工具 ，单击"画笔"选项右侧的按钮 ，在弹出的面板中选择需要的画笔形状，并设置适当的画笔大小，如图 6-20 所示。在属性栏中将"不透明度"和"流量"选项均设为 60%，在图像窗口中擦除不需要的图像，效果如图 6-21 所示。

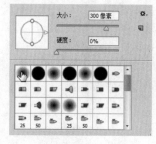

| 图 6-19 | 图 6-20 | 图 6-21 |

### 6.1.3 添加并编辑主体人物

**STEP 1** 按 Ctrl+O 组合键，打开本书配套资源包中的"Ch06 > 素材 > 古典音乐唱片封面设计 > 03"文件，选择"移动"工具 ，将图片拖曳到图像窗口中适当的位置，如图 6-22 所示。在"图层"控制面板中生成新的图层并将其命名为"人物"。将该图层拖曳到控制面板下方的"创建新图层"按钮 上，复制图层生成拷贝层，并拖曳到"人物"图层的下方，如图 6-23 所示。

| 图 6-22 | 图 6-23 |

**STEP 2** 在"图层"控制面板上方，将拷贝图层的"不透明度"选项设为 73%，如图 6-24 所示。选择"滤镜 > 模糊 > 高斯模糊"命令，在弹出的对话框中进行设置，如图 6-25 所示。单击"确定"按钮，效果如图 6-26 所示。

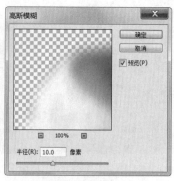

| 图 6-24 | 图 6-25 | 图 6-26 |

**STEP 3** 选取"人物"图层。在"图层"控制面板下方单击"添加图层蒙版"按钮▣，为图层添加蒙版，如图 6-27 所示。选择"画笔"工具✐，在图像窗口中擦除不需要的图像，效果如图 6-28 所示。

**STEP 4** 在"图层"控制面板上方，将该图层的混合模式选项设为"叠加"，如图 6-29 所示，图像效果如图 6-30 所示。

图 6-27

图 6-28

图 6-29

图 6-30

**STEP 5** 单击"图层"控制面板下方的"创建新的填充或调整图层"按钮●，在弹出的菜单中选择"曲线"命令，在"图层"控制面板中生成"曲线 1"图层，同时弹出相应的调整面板，单击添加调整点，将"输入"选项设为 140，"输出"选项设为 185，再次单击添加调整点，将"输入"选项设为 45，"输出"选项设为 85，其他选项的设置如图 6-31 所示。按 Enter 键，效果如图 6-32 所示。

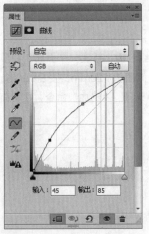

图 6-31

图 6-32

### 6.1.4 制作封底底图

**STEP 1** 按 Ctrl+O 组合键，打开本书配套资源包中的"Ch06 > 素材 > 古典音乐唱片封面设计 > 02"文件，选择"移动"工具，将图片拖曳到图像窗口中适当的位置，如图 6-33 所示。在"图层"控制面板中生成新的图层并将其命名为"图片3"。

**STEP 2** 在"图层"控制面板上方，将该图层的混合模式选项设为"正片叠底"，"不透明度"选项设为 25%，如图 6-34 所示，图像效果如图 6-35 所示。唱片封面底图制作完成。按 Ctrl+Shift+E 组合键，合并可见图层。按 Ctrl+S 组合键，弹出"存储为"对话框，将其命名为"唱片封面底图"，并保存为 TIFF 格式。单击"保存"按钮，弹出"TIFF 选项"对话框，单击"确定"按钮，将图像保存。

图 6-33

图 6-34

图 6-35

## CorelDRAW 应用

### 6.1.5 添加参考线和底图

**STEP 1** 打开 CorelDRAW 软件，按 Ctrl+N 组合键，新建一个页面。在属性栏的"页面度量"选项中分别设置宽度为 298.5mm，高度为 126mm，按 Enter 键，页面显示为设置的大小，如图 6-36 所示。选择"视图 > 页 > 出血"命令，在页面周围显示出血，如图 6-37 所示。

古典音乐唱片封面设计

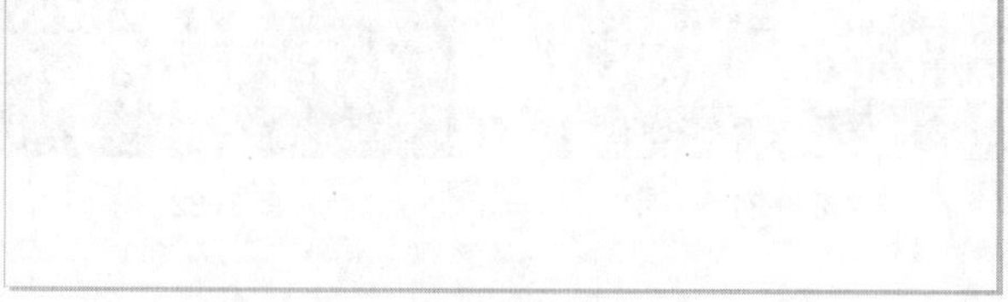

图 6-36

图 6-37

**STEP 2** 按 Ctrl+J 组合键，弹出"选项"对话框，选择"辅助线/水平"选项，在"文字框"中设置数值为 0，如图 6-38 所示，单击"添加"按钮，在页面中添加一条水平辅助线。用相同的方法在 126mm 处添加 1 条水平辅助线，单击"确定"按钮，效果如图 6-39 所示。

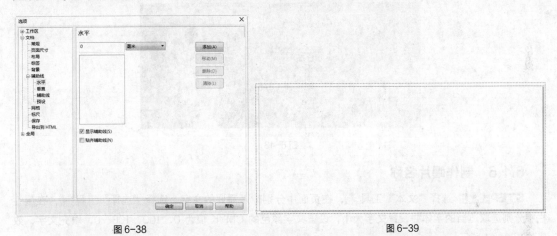

图 6-38　　　　　　　　　　　　　　　　　　　图 6-39

**STEP 3** 按 Ctrl+J 组合键，弹出"选项"对话框，选择"辅助线/垂直"选项，在"文字框"中设置数值为 0，如图 6-40 所示。单击"添加"按钮，在页面中添加一条垂直辅助线。用相同的方法在 143mm、155.5mm、298.5mm 处添加 3 条垂直辅助线，单击"确定"按钮，效果如图 6-41 所示。

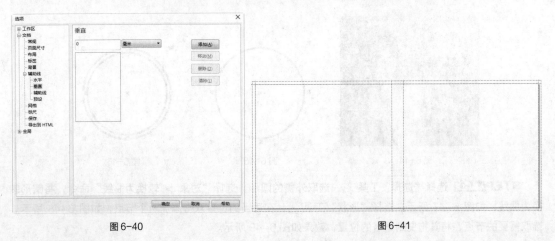

图 6-40　　　　　　　　　　　　　　　　　　　图 6-41

**STEP 4** 按 Ctrl+I 组合键，弹出"导入"对话框，打开本书配套资源包中的"Ch06 > 效果 > 古典音乐唱片封面设计 > 唱片封面底图"文件，单击"导入"按钮，在页面中单击导入图片，如图 6-42 所示。按 P 键，图片居中对齐页面，效果如图 6-43 所示。

图 6-42

图 6-43

### 6.1.6　制作唱片名称

**STEP 1** 选择"文本"工具 字，在页面中分别输入需要的文字，选择"选择"工具 ，在属性栏中分别选取适当的字体并设置文字大小，设置文字颜色的 CMYK 值为 0、100、100、0，填充文字，效果如图 6-44 所示。

**STEP 2** 选择"椭圆形"工具 ，按住 Ctrl 键的同时，绘制圆形，如图 6-45 所示。选择"选择"工具 ，按数字键盘上的+键，复制圆形。按住 Shift 键的同时，拖曳右上角的控制手柄，等比例缩小图形，如图 6-46 所示。

图 6-44

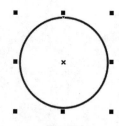
图 6-45

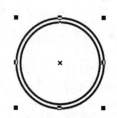
图 6-46

**STEP 3** 选择"选择"工具 ，选取外侧的圆形，选择"对象 > 转换为曲线"命令，将圆形转换为曲线，如图 6-47 所示。选择"形状"工具 ，在适当的位置双击添加两个节点，如图 6-48 所示。选取需要的节点，将其拖曳到适当的位置，效果如图 6-49 所示。

图 6-47　　　　　　　　图 6-48　　　　　　　　图 6-49

**STEP 4** 选择"形状"工具 ，分别选取 3 个节点，在属性栏中单击"尖突节点"按钮 ，改变节点，效果如图 6-50 所示。选取需要的控制点并将其拖曳到适当的位置，如图 6-51 所示。用相同的方法调整其他节点到适当的位置，效果如图 6-52 所示。

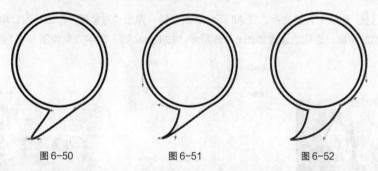

图 6-50　　　　　　　　图 6-51　　　　　　　　图 6-52

**STEP 5** 选择"选择"工具 ，选取调整后的图形，将其拖曳到适当的位置，如图 6-53 所示。填充图形为白色，并设置轮廓色为无，效果如图 6-54 所示。

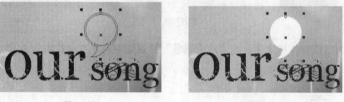

图 6-53　　　　　　　　　　　　　图 6-54

**STEP 6** 按 Ctrl+I 组合键，弹出"导入"对话框，打开本书配套资源包中的"Ch06 > 素材 > 古典音乐唱片封面设计 > 04"文件，单击"导入"按钮，在页面中单击导入图片。选择"选择"工具 ，将其拖曳到适当的位置并调整其大小，效果如图 6-55 所示。

**STEP 7** 选择"对象 > 图框精确剪裁 > 置于图文框内部"命令，鼠标光标变为黑色箭头形状，在圆形上单击鼠标，将图片置入圆形中，效果如图 6-56 所示。

图 6-55

图 6-56

**STEP 8** 单击下方的"编辑 PowerClip"按钮 ，进入编辑状态，选择"选择"工具 ，将图片拖曳到适当的位置，如图 6-57 所示。单击"停止编辑内容"按钮 ，完成编辑，效果如图 6-58 所示。

图 6-57                           图 6-58

**STEP 9** 选择"文本"工具 ，在页面中分别输入需要的文字，选择"选择"工具 ，在属性栏中分别选取适当的字体并设置文字大小，设置文字颜色的 CMYK 值为 0、100、100、0，填充文字，效果如图 6-59 所示。

**STEP 10** 选取上方的文字，按 Alt+Enter 组合键，弹出"对象属性"泊坞窗，单击"段落"按钮 ，弹出相应的泊坞窗，选项的设置如图 6-60 所示。按 Enter 键，文字效果如图 6-61 所示。

图 6-59                    图 6-60                    图 6-61

**STEP 11** 选取下方的文字，在"对象属性"泊坞窗中选项的设置如图 6-62 所示。按 Enter 键，文字效果如图 6-63 所示。

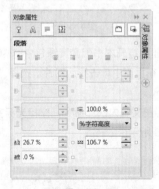 

图 6-62                           图 6-63

**STEP 12** 选择"文本"工具 ，在页面中输入需要的文字，选择"选择"工具 ，在属性栏中选取适当的字体并设置文字大小，填充文字为白色，效果如图 6-64 所示。

**STEP 13** 选择"矩形"工具 ，在适当的位置绘制矩形，设置图形颜色的 CMYK 值为 60、80、

0、20，填充图形，并去除图形的轮廓线，效果如图 6-65 所示。按 Ctrl+PageDown 组合键，后移矩形，效果如图 6-66 所示。

图 6-64

图 6-65

图 6-66

### 6.1.7　制作碟片信息

**STEP 1** 选择"矩形"工具 ，在属性栏中的"圆角半径" 框中设置数值为 0.27mm，在"轮廓宽度" 框中设置数值为 0.22mm，在适当的位置绘制矩形，如图 6-67 所示。设置矩形轮廓线颜色的 CMYK 值为 60、80、0、20，填充矩形轮廓线，效果如图 6-68 所示。选择"矩形"工具 ，在适当的位置绘制矩形，并填充适当的颜色，效果如图 6-69 所示。

图 6-67

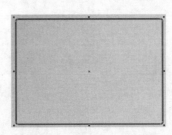

图 6-68

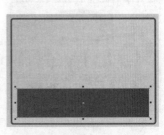

图 6-69

**STEP 2** 选择"贝塞尔"工具 ，在适当的位置绘制图形，如图 6-70 所示。选择"选择"工具 ，将两个图形同时选取，设置图形颜色的 CMYK 值为 60、80、0、20，填充图形，并去除图形的轮廓线，效果如图 6-71 所示。选择"椭圆形"工具 ，按住 Ctrl 键的同时，在适当的位置绘制圆形，如图 6-72 所示。

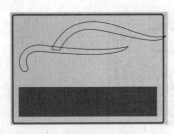

图 6-70

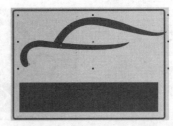

图 6-71

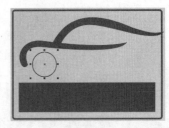

图 6-72

**STEP 3** 选择"选择"工具 ，按数字键盘上的+键，复制圆形。按住 Shift 键的同时，拖曳右上角的控制手柄，等比例缩小图形，如图 6-73 所示。用圈选的方法将两个圆形同时选取，单击属性栏中的"移除前面对象"按钮 ，修剪图形，如图 6-74 所示。设置图形颜色的 CMYK 值为 60、80、0、20，填充图形，并去除图形的轮廓线，效果如图 6-75 所示。

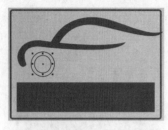 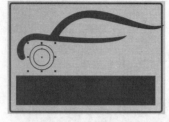 

图 6-73                    图 6-74                    图 6-75

**STEP 4** 选择"文本"工具 字，在页面中分别输入需要的文字，选择"选择"工具 ，在属性栏中分别选取适当的字体并设置文字大小，设置文字颜色的 CMYK 值为 60、80、0、20 和白色，填充文字，效果如图 6-76 所示。

**STEP 5** 选取下方的文字，在"对象属性"泊坞窗中选项的设置如图 6-77 所示。按 Enter 键，文字效果如图 6-78 所示。

图 6-76                    图 6-77                    图 6-78

**STEP 6** 选取上方的文字，在"对象属性"泊坞窗中选项的设置如图 6-79 所示。按 Enter 键，文字效果如图 6-80 所示。

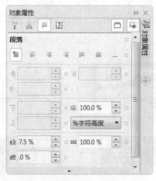 

图 6-79                    图 6-80

### 6.1.8  制作品质信息

**STEP 1** 选择"矩形"工具 ，在属性栏中单击"圆角半径" 框中间的"同时编辑所有角"按钮 ，使其处于解锁状态。在"左上角"和"右上角"框中设置数值为 1.43mm，在适当的位置绘制矩形，如图 6-81 所示。设置填充颜色的 CMYK 值为 60、80、0、20，填充矩形，并去除图形的轮廓线，效果如图 6-82 所示。选择"矩形"工具 ，在属性栏中的"圆角半径" 框中设置数值为 0.7mm，在适当的位置绘制矩形，填充为黑色，并去除图形的轮廓线，效果如图 6-83 所示。

图 6-81

图 6-82

图 6-83

**STEP 2** 选择"文本"工具 ，在页面中分别输入需要的文字，选择"选择"工具 ，在属性栏中分别选取适当的字体并设置文字大小，填充文字为白色，效果如图 6-84 所示。选取右侧的文字，单击属性栏中的"将文本更改为垂直方向"按钮 ，垂直排列文字，效果如图 6-85 所示。

图 6-84

图 6-85

**STEP 3** 选取左侧的文字，在"对象属性"泊坞窗中选项的设置如图 6-86 所示。按 Enter 键，文字效果如图 6-87 所示。

图 6-86

图 6-87

**STEP 4** 选取右侧的文字，在"对象属性"泊坞窗中选项的设置如图 6-88 所示。按 Enter 键，文字效果如图 6-89 所示。

**STEP 5** 选择"文本"工具 ，在页面中输入需要的文字，选择"选择"工具 ，在属性栏中选取适当的字体并设置文字大小，填充文字为白色，效果如图 6-90 所示。在"对象属性"泊坞窗中选项的设置如图 6-91 所示。按 Enter 键，效果如图 6-92 所示。选择"文本"工具 ，在页面中分别输入需要的文字，选择"选择"工具 ，在属性栏中分别选取适当的字体并设置文字大小，效果如图 6-93 所示。

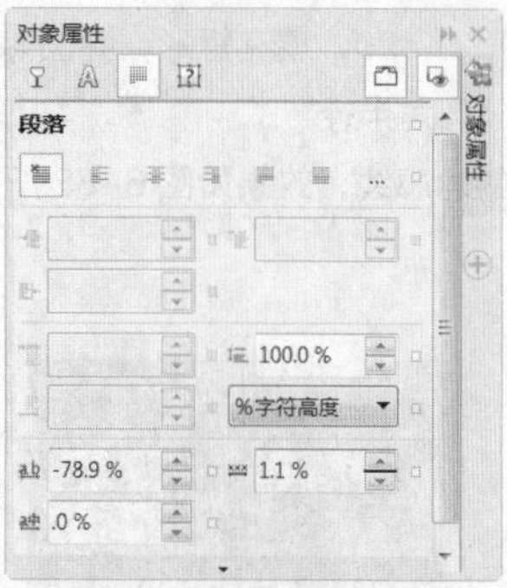

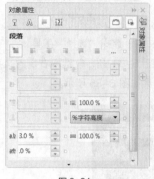

图 6-88

图 6-89

图 6-90

图 6-91

图 6-92

图 6-93

**STEP 6** 选取需要的文字，填充为白色，效果如图 6-94 所示。选择"椭圆形"工具 ○，按住 Ctrl 键的同时，在适当的位置绘制圆形，如图 6-95 所示。选取需要的文字，在"对象属性"泊坞窗中选项的设置如图 6-96 所示。按 Enter 键，文字效果如图 6-97 所示。

图 6-94

图 6-95

图 6-96

图 6-97

### 6.1.9　添加唱片内容

**STEP 1**　选择"矩形"工具 ▫，在属性栏中的"圆角半径" 框中将"左上角"和"右下角"的数值设置为 1.2mm，在适当的位置绘制矩形，如图 6-98 所示。

图 6-98

**STEP 2**　保持图形的选取状态。在"对象属性"泊坞窗中单击"轮廓"按钮 ◿，弹出相应的泊坞窗，设置轮廓线颜色的 CMYK 值为 60、80、0、50，其他选项的设置如图 6-99 所示，按 Enter 键。设置填充颜色的 CMYK 值为 60、80、0、20，填充图形，效果如图 6-100 所示。选择"文本"工具 字，在页面中输入需要的文字，选择"选择"工具 ▸，在属性栏中选取适当的字体并设置文字大小，填充文字为白色，效果如图 6-101 所示。

图 6-99

图 6-100

图 6-101

**STEP 3**　打开本书配套资源包中的"Ch06 > 素材 > 古典音乐唱片封面设计 > 07"文件，选取文档中需要的文字"01……回到 12 月"，并单击鼠标右键选择"复制"命令，复制文字，如图 6-102 所示。返回 CorelDRAW 页面中，选择"文本"工具 字，在页面中单击插入光标，按 Ctrl+V 组合键，将复制的文字粘贴到页面中，如图 6-103 所示。

图 6-102

图 6-103

**STEP 4** 选择"文本"工具 字，分别选取需要的文字，在属性栏中分别选择合适的字体并设置文字大小，效果如图 6-104 所示。分别选取需要的文字，设置文字颜色的 CMYK 值为 60、80、0、20，填充文字，效果如图 6-105 所示。

图 6-104          图 6-105

**STEP 5** 选择"选择"工具 ，选取需要的文字，在"对象属性"泊坞窗中选项的设置如图 6-106 所示。按 Enter 键，文字效果如图 6-107 所示。用相同的方法制作右侧的文字效果，如图 6-108 所示。

图 6-106          图 6-107          图 6-108

**STEP 6** 选择"2 点线"工具 ，按住 Shift 键的同时，在适当的位置绘制直线，设置轮廓线颜色的 CMYK 值为 60、80、0、20，填充轮廓线，效果如图 6-109 所示。在属性栏中单击"轮廓样式" 选项，在弹出的面板中选择需要的样式，如图 6-110 所示，效果如图 6-111 所示。选择"选择"工具 ，按住 Shift 键的同时，将其水平向右拖曳到适当的位置，单击鼠标右键，复制虚线，效果如图 6-112 所示。

图 6-109          图 6-110          图 6-111          图 6-112

### 6.1.10  添加其他出版信息

**STEP 1** 按 Ctrl+I 组合键，弹出"导入"对话框，打开本书配套资源包中的"Ch06 > 素材 > 古

典音乐唱片封面设计 > 05"文件，单击"导入"按钮，在页面中单击导入图片。选择"选择"工具，将
其拖曳到适当的位置并调整其大小，效果如图 6–113 所示。

**STEP2** 保持图形的选取状态。单击属性栏中的"取消组合所有对象"按钮，取消图形组合，
如图 6–114 所示。选择"选择"工具，选取需要的图形，设置填充颜色的 CMYK 值为 60、80、0、20，
填充图形，效果如图 6–115 所示。

图 6–113　　　　　　　　图 6–114　　　　　　　　图 6–115

**STEP3** 选择"2 点线"工具，按住 Shift 键的同时，在适当的位置绘制直线，如图 6–116 所
示。选择"文本"工具，在页面中分别输入需要的文字，选择"选择"工具，在属性栏中分别选择合
适的字体并设置文字大小，效果如图 6–117 所示。分别选取需要的文字，设置文字颜色的 CMYK 值为 60、
80、0、20，填充文字，效果如图 6–118 所示。

图 6–116　　　　　　　　图 6–117　　　　　　　　图 6–118

**STEP4** 选取需要的文字，在"对象属性"泊坞窗中选项的设置如图 6–119 所示。按 Enter 键，
文字效果如图 6–120 所示。

图 6–119　　　　　　　　图 6–120

**STEP 5** 选择"文本"工具 ，在页面中分别输入需要的文字，选择"选择"工具 ，在属性栏中分别选择合适的字体并设置文字大小，效果如图 6-121 所示。选择"2 点线"工具 ，按住 Shift 键的同时，在适当的位置绘制直线，如图 6-122 所示。

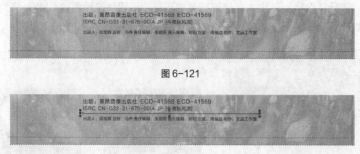

图 6-121

图 6-122

### 6.1.11　添加条形码

**STEP 1** 按 Ctrl+I 组合键，弹出"导入"对话框，打开本书配套资源包中的"Ch06 > 素材 > 古典音乐唱片封面设计 > 06"文件，单击"导入"按钮，在页面中单击导入图片。选择"选择"工具 ，将其拖曳到适当的位置并调整其大小，效果如图 6-123 所示。选择"矩形"工具 ，在适当的位置绘制矩形，填充为白色，并去除图形的轮廓线，效果如图 6-124 所示。

图 6-123

图 6-124

**STEP 2** 选择"对象 > 插入条码"命令，弹出"条码向导"对话框，在各选项中按需要进行设置，如图 6-125 所示。设置完成后，单击"下一步"按钮，在设置区内按需要进行设置，如图 6-126 所示。

图 6-125

图 6-126

**STEP 3** 设置完成后，单击"下一步"按钮，在设置区内按需要进行各项设置，如图 6-127 所示。设置完成后，单击"完成"按钮，并将其拖曳到适当的位置，效果如图 6-128 所示。

图 6-127                    图 6-128

**STEP 4** 选择"选择"工具，调整条形码的大小和位置，效果如图 6-129 所示。选择"文本"工具，在页面中输入需要的文字，选择"选择"工具，在属性栏中选择合适的字体并设置文字大小，效果如图 6-130 所示。

图 6-129                    图 6-130

### 6.1.12 制作唱片侧面

**STEP 1** 选择"文本"工具，在页面中输入需要的文字，选择"选择"工具，在属性栏中选择合适的字体并设置文字大小，设置文字颜色的 CMYK 值为 0、100、100、0，填充文字，效果如图 6-131 所示。单击属性栏中的"将文本更改为垂直方向"按钮，垂直排列文字，效果如图 6-132 所示。用相同的方法输入其他文字，效果如图 6-133 所示。

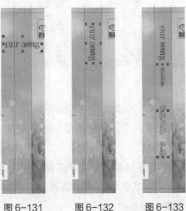

图 6-131    图 6-132    图 6-133

**STEP 2** 选择"选择"工具 🔙，分别选取需要的文字，设置文字颜色的 CMYK 值为 0、100、100、0 和白色，填充文字，效果如图 6-134 所示。在"对象属性"泊坞窗中选项的设置如图 6-135 所示。按 Enter 键，文字效果如图 6-136 所示。

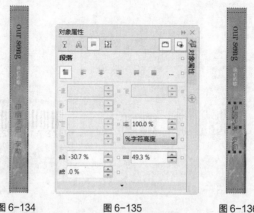

图 6-134 　　　　图 6-135 　　　　图 6-136

**STEP 3** 选择"矩形"工具 ▢，在适当的位置绘制矩形，设置填充颜色的 CMYK 值为 60、80、0、20，填充矩形，并去除图形的轮廓线，效果如图 6-137 所示。连续按 Ctrl+PageDown 组合键，后移矩形，效果如图 6-138 所示。选择"椭圆形"工具 ○，按住 Ctrl 键的同时，在适当的位置绘制圆形，设置填充颜色的 CMYK 值为 0、100、100、0，填充圆形，并去除图形的轮廓线，效果如图 6-139 所示。

**STEP 4** 按 Ctrl+I 组合键，弹出"导入"对话框，打开本书配套资源包中的"Ch06 > 素材 > 古典音乐唱片封面设计 > 08"文件，单击"导入"按钮，在页面中单击导入图片。选择"选择"工具 🔙，将其拖曳到适当的位置并调整其大小，效果如图 6-140 所示。

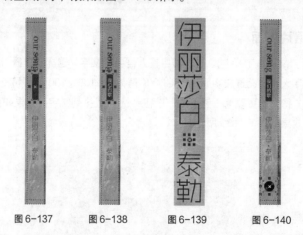

图 6-137 　　　　图 6-138 　　　　图 6-139 　　　　图 6-140

**STEP 5** 选择"椭圆形"工具 ○，按住 Ctrl 键的同时，在适当的位置绘制圆形，如图 6-141 所示。选择"选择"工具 🔙，按数字键盘上的+键，复制圆形。按住 Shift 键的同时，拖曳右上角的控制手柄，等比例缩小图形，如图 6-142 所示。

**STEP 6** 用圈选的方法将两个圆形同时选取，单击属性栏中的"移除前面对象"按钮 🔲，修剪图形。设置填充颜色的 CMYK 值为 0、100、100、0，填充圆形，并去除图形的轮廓线，效果如图 6-143 所示。古典音乐唱片封面设计完成，效果如图 6-144 所示。

图 6-141

图 6-142

图 6-143

图 6-144

# 6.2 课后习题——乐器演奏唱片封面设计

⊕ 习题知识要点

　　在 Photoshop 中使用矩形选框工具、填充命令和图层混合模式制作图片融合，使用图层蒙版命令和画笔工具制作背景图片渐隐效果，使用高斯模糊命令制作图片的模糊效果，使用剪切蒙版制作图片的剪切效果。在 CorelDRAW 中使用文本工具、渐变工具和形状工具添加内容文字，使用阴影工具添加图片阴影，使用手绘工具添加装饰线，使用椭圆形工具、矩形工具和文本工具添加出版信息。乐器演奏唱片封面设计效果如图 6-145 所示。

⊕ 效果所在位置

　　资源包/Ch06/效果/乐器演奏唱片封面设计/乐器演奏唱片封面.cdr。

图 6-145

乐器演奏唱片封面底图

乐器演奏唱片封面设计

Chapter

# 7

## 第 7 章
## 室内平面图设计

室内平面图反映了居室的布局和各房间的面积及功能。通过对室内平面图的设计，可以对居室空间和家具摆设进行具体描绘，初步设计出居室的生活格局。本章以室内平面图设计为例，讲解室内平面图的设计方法和制作技巧。

**课堂学习目标**

- 在 Photoshop 软件中制作底图
- 在 CorelDRAW 软件中制作平面图和其他相关信息

# 7.1 室内平面图设计

### 案例学习目标

学习在 Photoshop 中绘制路径和改变图片的颜色制作底图。在 CorelDRAW 中使用图形的绘制工具和填充工具制作室内平面图，使用标注工具和文本工具标注平面图并添加相关信息。

### 案例知识要点

在 Photoshop 中，使用钢笔工具和图层样式命令绘制并编辑路径，使用色阶命令调整图片的颜色。在 CorelDRAW 中使用文本工具和形状工具制作标题文字，使用矩形工具绘制墙体，使用椭圆形工具、图纸工具和矩形工具绘制门和窗，使用矩形工具、形状工具和贝塞尔工具绘制地板和床，使用矩形工具和贝塞尔工具绘制地毯、沙发及其他家具，使用标注工具标注平面图。室内平面图设计效果如图 7-1 所示。

### 效果所在位置

资源包/Ch07/效果/室内平面图设计/室内平面图.cdr。

图 7-1

## Photoshop 应用

### 7.1.1 绘制封面底图

**STEP 1** 打开 Photoshop 软件，按 Ctrl + N 组合键，新建一个文件：宽度为 21.6cm，高度为 29.1cm，分辨率为 150 像素/英寸，颜色模式为 RGB，背景内容为白色。选择"视图 > 新建参考线"命令，在弹出的对话框中进行设置，如图 7-2 所示，单击"确定"按钮，效果如图 7-3 所示。用相同的方法在 28.8cm 处新建参考线，如图 7-4 所示。

室内平面图底图

图 7-2

图 7-3

图 7-4

**STEP⤵2** 选择"视图 > 新建参考线"命令，在弹出的对话框中进行设置，如图 7-5 所示，单击"确定"按钮，效果如图 7-6 所示。用相同的方法在 21.3cm 处新建参考线，如图 7-7 所示。

**STEP⤵3** 将前景色设为棕色（其 R、G、B 的值分别为 83、0、0）。按 Alt+Delete 组合键，用前景色填充"背景"图层。将前景色设为白色。选择"矩形"工具 ，在属性栏的"选择工具模式"选项中选择"形状"，在图像窗口中绘制矩形，如图 7-8 所示，在"图层"控制面板中生成"矩形 1"。

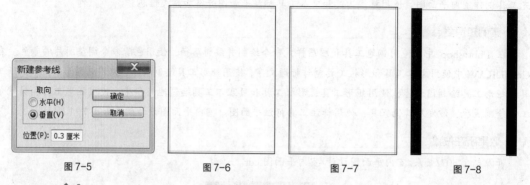

图 7-5       图 7-6       图 7-7       图 7-8

**STEP⤵4** 按 Ctrl + O 组合键，打开本书配套资源包中的"Ch07 > 素材 > 室内平面图设计 > 01"文件，选择"移动"工具 ，将图片拖曳到图像窗口中适当的位置，如图 7-9 所示。在"图层"控制面板中生成新的图层并将其命名为"画轴"。按 Ctrl+Alt+G 组合键，创建剪贴蒙版，效果如图 7-10 所示。

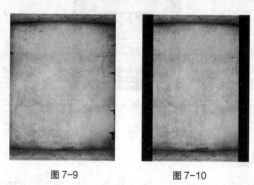

图 7-9       图 7-10

**STEP⤵5** 将前景色设为棕色（其 R、G、B 的值分别为 83、0、0）。选择"矩形"工具 ，在图像窗口下方绘制矩形，如图 7-11 所示，在"图层"控制面板中生成"矩形 2"。按 Ctrl + O 组合键，打开本书配套资源包中的"Ch07 > 素材 > 室内平面图设计 > 02"文件，选择"移动"工具 ，将图片拖曳到图像窗口中适当的位置，如图 7-12 所示。在"图层"控制面板中生成新的图层并将其命名为"楼房"。

图 7-11       图 7-12

**STEP 6** 在"图层"控制面板下方单击"添加图层蒙版"按钮 ▣，为图层添加蒙版，如图 7–13 所示。将前景色设为黑色。选择"画笔"工具 ✎，单击"画笔"选项右侧的按钮 ·，在弹出的面板中选择需要的画笔形状，并设置适当的画笔大小，如图 7–14 所示。在属性栏中将"不透明度"和"流量"选项均设为 60%，在图像窗口中擦除不需要的图像，效果如图 7–15 所示。

图 7-13

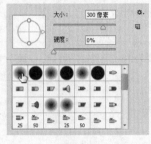

图 7-14

图 7-15

**STEP 7** 按 Ctrl + O 组合键，打开本书配套资源包中的"Ch07 > 素材 > 室内平面图设计 > 04、05"文件，选择"移动"工具 ⊹，将图片拖曳到图像窗口中适当的位置，如图 7–16 和图 7–17 所示。在"图层"控制面板中生成新的图层并分别将其命名为"树"和"画轴 2"。

图 7-16

图 7-17

**STEP 8** 室内平面图底图制作完成。按 Ctrl+Shift+E 组合键，合并可见图层。按 Ctrl+S 组合键，弹出"存储为"对话框，将其命名为"室内平面图底图"，并保存为 TIFF 格式。单击"保存"按钮，弹出"TIFF 选项"对话框，单击"确定"按钮，将图像保存。

## CorelDRAW 应用

### 7.1.2 添加并制作标题文字

**STEP 1** 打开 CorelDRAW 软件，按 Ctrl+N 组合键，新建一个页面。在属性栏的"页面度量"选项中分别设置宽度为 210mm，高度为 285mm，按 Enter 键，页面显示为设置的大小，如图 7–18 所示。选择"视图 > 页 > 出血"命令，在页面周围显示出血，如图 7–19 所示。

室内平面图设计 1

**STEP 2** 按 Ctrl+J 组合键，弹出"选项"对话框，选择"辅助线/水平"选项，在"文字框"中设置数值为 0，如图 7–20 所示，单击"添加"按钮，在页面中添加一条水平辅助线。用相同的方法在 285mm 处添加 1 条水平辅助线，单击"确定"按钮，效果如图 7–21 所示。

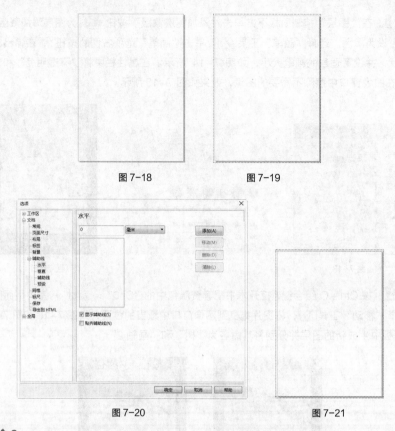

图 7-18　　　　　　　　　　　图 7-19

图 7-20　　　　　　　　　　　图 7-21

**STEP　3** 按 Ctrl+J 组合键，弹出"选项"对话框，选择"辅助线/垂直"选项，在"文字框"中设置数值为 0，如图 7-22 所示，单击"添加"按钮，在页面中添加一条垂直辅助线。用相同的方法在 210mm 处添加 1 条垂直辅助线，单击"确定"按钮，效果如图 7-23 所示。

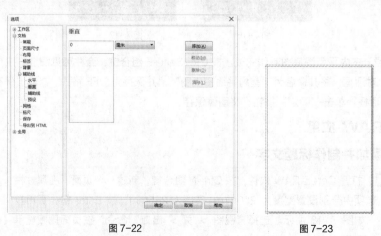

图 7-22　　　　　　　　　　　图 7-23

**STEP　4** 按 Ctrl+I 组合键，弹出"导入"对话框，打开本书配套资源包中的"Ch04 > 素材 > 室内平面图设计 > 室内平面图底图"文件，单击"导入"按钮，在页面中单击导入图片，如图 7-24 所示。按 P 键，图片居中对齐页面，效果如图 7-25 所示。

图 7-24　　　　　　　　　　图 7-25

**STEP 5** 选择"文本"工具，在页面中输入需要的文字。选择"选择"工具，在属性栏中选择合适的字体并设置文字大小，效果如图 7-26 所示。再次单击文字，使其处于旋转状态，向右拖曳文字上方中间的控制手柄，松开鼠标左键，使文字倾斜，效果如图 7-27 所示。

图 7-26 　　　　　　　　　　　　　　　图 7-27

**STEP 6** 选择"选择"工具，选取文字，按 Ctrl+K 组合键，将文字拆分，分别选取需要的文字并将其拖曳到适当的位置，效果如图 7-28 所示。选取"新"字，按 Ctrl+Q 组合键，将文字转换为曲线，如图 7-29 所示。

图 7-28 　　　　　　　　　　　　　　　图 7-29

**STEP 7** 选择"形状"工具，按住 Shift 键的同时，选取需要的节点，如图 7-30 所示，向左拖曳到适当的位置，如图 7-31 所示。使用相同的方法将右侧的节点拖曳到适当的位置，效果如图 7-32 所示。

图 7-30 　　　　　　图 7-31 　　　　　　图 7-32

**STEP 8** 按 Ctrl+Q 组合键，分别将其他文字转换为曲线，拖曳"光"字右侧的节点到适当的位置，效果如图 7-33 所示。选择"选择"工具，选取"阳"字。选择"形状"工具，用圈选的方法选取需要的节点，按 Delete 键将其删除，效果如图 7-34 所示。

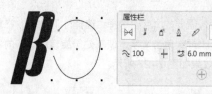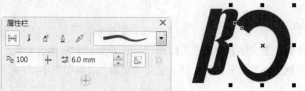

图 7-33                                   图 7-34

**STEP 9** 选择"贝塞尔"工具 ，在适当的位置绘制一条曲线，如图 7-35 所示。选择"艺术笔"
工具 ，在"笔触列表"选项的下拉列表中选择需要的笔触  ，其他选项的设置如图 7-36 所示。
按 Enter 键，效果如图 7-37 所示。

图 7-35                          图 7-36                          图 7-37

**STEP 10** 选择"选择"工具 ，选取笔触图形，设置填充颜色的 CMYK 值为 0、0、100、0，
填充文字，效果如图 7-38 所示。选择"椭圆形"工具 ，按住 Ctrl 键的同时，绘制圆形。设置填充颜色
的 CMYK 值为 0、0、100、0，填充图形，并去除图形的轮廓线，效果如图 7-39 所示。选择"选择"工具
 ，选取需要的图形文字，设置填充颜色的 CMYK 值为 94、51、95、23，填充图形文字，效果如图 7-40
所示。

图 7-38                   图 7-39                          图 7-40

**STEP 11** 选择"文本"工具 ，分别在页面中输入需要的文字。选择"选择"工具 ，在属性
栏中分别选择合适的字体并设置文字大小，效果如图 7-41 所示。分别选取适当的文字，填充适当的颜色，
效果如图 7-42 所示。

图 7-41                                   图 7-42

**STEP 12** 选择"选择"工具 ，用圈选的方法将制作的文字同时选取，拖曳到适当的位置，效
果如图 7-43 所示。选择"文本"工具 ，在页面中输入需要的文字。选择"选择"工具 ，在属性栏中
选择合适的字体并设置文字大小，设置填充颜色的 CMYK 值为 94、51、95、23，填充文字，效果如图 7-44
所示。

图 7-43　　　　　　　　　　图 7-44

**STEP 13** 保持文字的选取状态。按 Alt+Enter 组合键，弹出"对象属性"泊坞窗，单击"段落"
按钮，弹出相应的泊坞窗，选项的设置如图 7-45 所示。按 Enter 键，文字效果如图 7-46 所示。

图 7-45　　　　　　　　　　图 7-46

### 7.1.3　绘制墙体图形

**STEP 1** 选择"矩形"工具，绘制一个矩形，如图 7-47 所示。再绘制一个矩形，如图 7-48
所示。选择"选择"工具，将两个矩形同时选取，按数字键盘上的 l 键，复制矩形，单击属性栏中的"水
平镜像"按钮和"垂直镜像"按钮，水平垂直翻转复制的矩形，效果如图 7-49 所示。

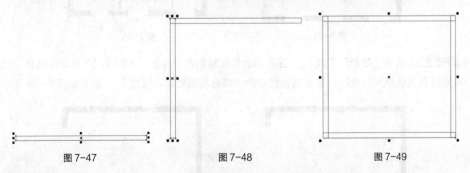

图 7-47　　　　　　　　图 7-48　　　　　　　　图 7-49

**STEP 2** 选择"选择"工具，将矩形全部选取，单击属性栏中的"合并"按钮，将矩形合并
为一个图形，效果如图 7-50 所示，填充图形为黑色。使用相同的方法再绘制一个矩形，填充为黑色，如
图 7-51 所示。将矩形和合并图形同时选取，再合并在一起，效果如图 7-52 所示。

**STEP 3** 选择"矩形"工具，在适当的位置绘制 4 个矩形，如图 7-53 所示。选择"选择"工
具，将矩形和黑色框同时选取，单击属性栏中的"移除前面对象"按钮，剪切后效果如图 7-54 所示。

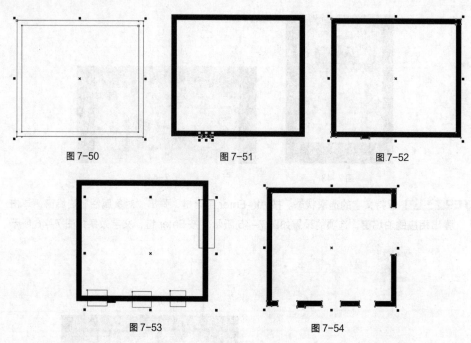

图 7-50 图 7-51 图 7-52

图 7-53 图 7-54

**STEP 4** 选择"矩形"工具 □，在适当的位置绘制 3 个矩形，如图 7-55 所示。选择"选择"工具 ▶，将矩形和外框同时选取，单击属性栏中的"合并"按钮 □，将其合并为一个图形，效果如图 7-56 所示。

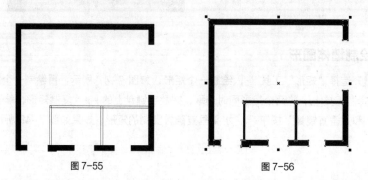

图 7-55 图 7-56

**STEP 5** 选择"矩形"工具 □，在适当的位置绘制两个矩形，如图 7-57 所示。选择"选择"工具 ▶，将矩形和黑色框同时选取，单击属性栏中的"移除前面对象"按钮 □，效果如图 7-58 所示。

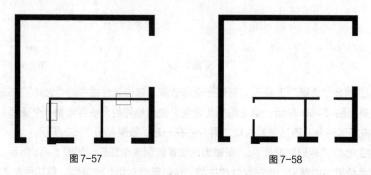

图 7-57 图 7-58

### 7.1.4 制作门和窗户图形

**STEP 1** 选择"椭圆形"工具 ⬭，单击属性栏中的"饼图"按钮 ⬭，在属性栏中进行设置，如图 7-59 所示，从左上方向右下方拖曳鼠标到适当的位置，绘制出的饼图效果如图 7-60 所示。设置图形填充色的 CMYK 值为 3、3、56、0，填充图形。在属性栏中的"旋转角度" ⬭ 框中设置数值为 90，"轮廓宽度" ⬭ .2 mm ▾ 框中设置数值为 0.176，按 Enter 键，效果如图 7-61 所示。

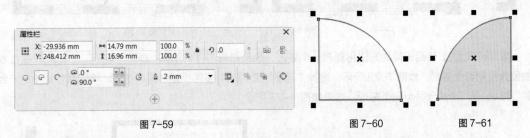

图 7-59 图 7-60 图 7-61

**STEP 2** 选择"矩形"工具 ⬭，在适当的位置绘制一个矩形，设置图形填充色的 CMYK 值为 2、2、10、0，填充图形，并设置适当的轮廓宽度，效果如图 7-62 所示。选择"选择"工具 ⬭，将饼图和矩形同时选取并拖曳到适当的位置，效果如图 7-63 所示。使用相同的方法绘制多个矩形，并填充相同的颜色和轮廓宽度，效果如图 7-64 所示。

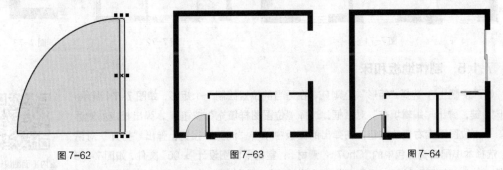

图 7-62 图 7-63 图 7-64

**STEP 3** 选择"图纸"工具 ⬭，在属性栏中的设置如图 7-65 所示，在页面中适当的位置绘制网格图形，如图 7-66 所示。

**STEP 4** 选择"选择"工具 ⬭，按 Ctrl+Q 组合键，将网格转化为曲线。选取最上方的矩形，在属性栏中的"轮廓宽度" ⬭ .2 mm ▾ 框中设置数值为 0.18，按 Enter 键，效果如图 7-67 所示。使用相同的方法设置其他矩形的轮廓宽度，效果如图 7-68 所示。

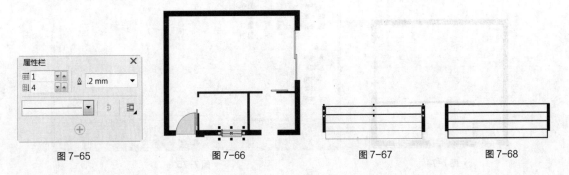

图 7-65 图 7-66 图 7-67 图 7-68

**STEP 5** 选择"选择"工具，选取 4 个矩形，按数字键盘上的+键，复制矩形，并将其拖曳到适当的位置，调整其大小，效果如图 7-69 所示。选取最下方的矩形，将其复制并拖曳到适当的位置，效果如图 7-70 所示。

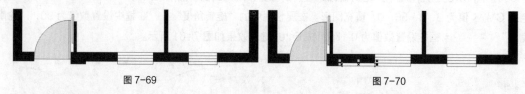

图 7-69　　　　　　　　　　　　图 7-70

**STEP 6** 使用相同的方法再复制一个矩形，效果如图 7-71 所示。选择"矩形"工具，在适当的位置绘制两个矩形，如图 7-72 所示。选择"选择"工具，将两个矩形同时选取，单击属性栏中的"合并"按钮，将其合并为一个图形，效果如图 7-73 所示。

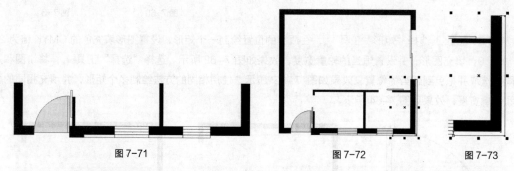

图 7-71　　　　　　　　　图 7-72　　　　　　　图 7-73

### 7.1.5　制作地板和床

**STEP 1** 选择"矩形"工具，在适当的位置绘制一个矩形，如图 7-74 所示。按 F11 键，弹出"编辑填充"对话框，选择"位图图样填充"按钮，弹出相应的对话框。单击位图图案右侧的按钮，在弹出的面板中单击"浏览"按钮，弹出"打开"对话框。选择本书配套资源包中的"Ch07 > 素材 > 室内平面图设计 > 06"文件，如图 7-75 所示，单击"打开"按钮。返回"位图图样填充"对话框。将"宽度"和"高度"选项均设为 34.5mm，其他选项的设置如图 7-75 所示，单击"确定"按钮，位图填充效果如图 7-76 所示。

室内平面图设计 2

图 7-74

图 7-75

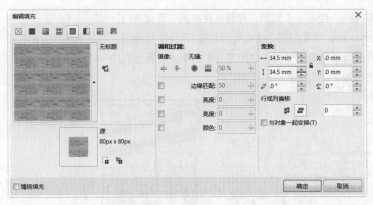

图 7-76　　　　　　　　　　　　　　　　　　　　　　　　　图 7-77

**STEP 2** 连续按 Ctrl+PageDown 组合键，将其置后到黑色框的下方，效果如图 7-78 所示。选择"矩形"工具 ▢，在适当的位置绘制一个矩形，设置图形填充色的 CMYK 值为 2、2、10、0，填充图形。在属性栏中的"轮廓宽度" △ .2 mm ▾ 框中设置数值为 0.18，按 Enter 键，效果如图 7-79 所示。选择"矩形"工具 ▢，再绘制一个矩形，如图 7-80 所示。

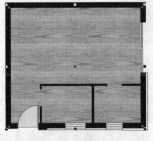

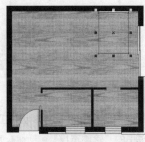

图 7-78　　　　　　　　　　　图 7-79　　　　　　　　　　　图 7-80

**STEP 3** 保持矩形的选取状态。按 F11 键，弹出"编辑填充"对话框，选择"位图图样填充"按钮 ▨，弹出相应的对话框，单击位图图案右侧的按钮，在弹出的面板中单击"浏览"按钮，弹出"打开"对话框，选择本书配套资源包中的"Ch07 > 素材 > 室内平面图设计 > 05"文件，单击"打开"按钮。返回"位图图样填充"对话框，选项的设置如图 7-81 所示，单击"确定"按钮，位图填充效果如图 7-82 所示。

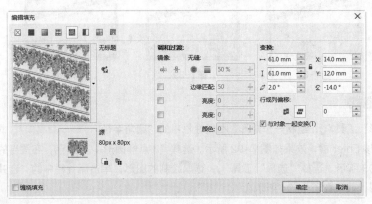

图 7-81　　　　　　　　　　　　　　　　　　　　　　　　　图 7-82

**STEP 4** 选择"矩形"工具 ▢，绘制一个矩形，在属性栏中的"圆角半径" ⊞ 框中进行设置，如图 7-83 所示。按 Enter 键，效果如图 7-84 所示。按 Ctrl+Q 组合键，将矩形转化为曲线。选择"形状"工具 ⬚，用圈选的方法选取需要的节点，如图 7-85 所示。在属性栏中单击"转换为线条"按钮 ⟋，将曲线转换为直线，效果如图 7-86 所示。

图 7-83
图 7-84

图 7-85
图 7-86

**STEP 5** 选择"形状"工具 ⬚，选取并拖曳需要的节点到适当的位置，效果如图 7-87 所示。在属性栏中的"轮廓宽度" ⟍ .2 mm ▾ 框中设置数值为 0.18，按 Enter 键，填充与下方的床相同的图案，效果如图 7-88 所示。选择"贝塞尔"工具 ⟍，绘制一个图形，填充与床相同的图案，并设置适当的轮廓宽度，效果如图 7-89 所示。选择"手绘"工具 ⟍，按住 Ctrl 键的同时，绘制一条直线，效果如图 7-90 所示。

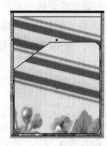

图 7-87
图 7-88
图 7-89
图 7-90

## 7.1.6 制作枕头和抱枕

**STEP 1** 选择"矩形"工具 ▢，绘制一个矩形，在属性栏中的"圆角半径" ⊞ 框中进行设置，如图 7-91 所示，按 Enter 键，效果如图 7-92 所示。选择"3 点椭圆形"工具 ⬭，在适当的位置绘制 4 个椭圆形，如图 7-93 所示。选择"选择"工具 ▸，选取绘制的图形，单击属性栏中的"合并"按钮 ▫，将其合并为一个图形，效果如图 7-94 所示。

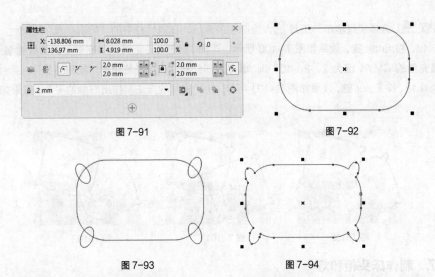

图 7-91　　　　　　　　　　　　　　　　　　图 7-92

图 7-93　　　　　　　　　　　　　　　　　　图 7-94

**STEP 2** 保持矩形的选取状态。按 F11 键，弹出"编辑填充"对话框，选择"位图图样填充"按钮 ▦，弹出相应的对话框，选项的设置如图 7-95 所示，单击"确定"按钮，位图填充效果如图 7-96 所示。

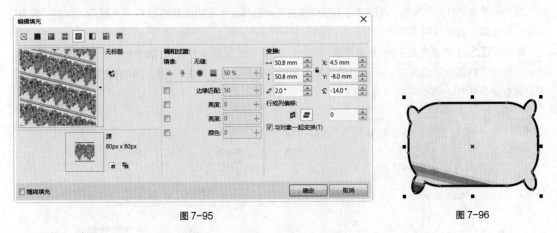

图 7-95　　　　　　　　　　　　　　　　　　图 7-96

**STEP 3** 选择"选择"工具 ▶，选取需要的图形并将其拖曳到适当的位置，如图 7-97 所示。按数字键盘上的+键，复制图形并将其拖曳到适当的位置，效果如图 7-98 所示。使用相同的方法再复制两个图形，分别将其拖曳到适当的位置，调整大小并将其旋转到适当的角度，然后取消左侧图形的填充，效果如图 7-99 所示。

图 7-97　　　　　　　　　　　图 7-98　　　　　　　　　　　图 7-99

STEP★4 选择"贝塞尔"工具 ，绘制多条直线，在属性栏中的"轮廓宽度" .2 mm ▼ 框中设置数值为 0.18，按 Enter 键，效果如图 7-100 所示。选择"椭圆形"工具 ，在适当的位置绘制一个圆形，设置图形填充色的 CMYK 值为 2、2、10、0，填充图形，然后在属性栏中的"轮廓宽度" .2 mm ▼ 框中设置数值为 0.18，按 Enter 键，效果如图 7-101 所示。使用相同的方法制作出右侧的图形，效果如图 7-102 所示。

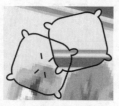
图 7-100

图 7-101

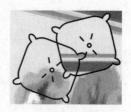
图 7-102

### 7.1.7　制作床头柜和灯

STEP★1 选择"矩形"工具 ，绘制一个矩形，如图 7-103 所示。按 F11 键，弹出"编辑填充"对话框，选择"位图图样填充"按钮 ，弹出相应的对话框，单击位图图案右侧的按钮，在弹出的面板中单击"浏览"按钮，弹出"打开"对话框，选择本书配套资源包中的"Ch07 > 素材 > 室内平面图设计 > 07"文件，单击"打开"按钮。返回"位图图样填充"对话框，选项的设置如图 7-104 所示，单击"确定"按钮，位图填充效果如图 7-105 所示。

STEP★2 在属性栏中的"轮廓宽度" .2 mm ▼ 框中设置数值为 0.18，按 Enter 键，效果如图 7-106 所示。选择"椭圆形"工具 ，在适当的位置绘制一个圆形，并在属性栏中的"轮廓宽度" .2 mm ▼ 框中设置数值为 0.18，如图 7-107 所示。

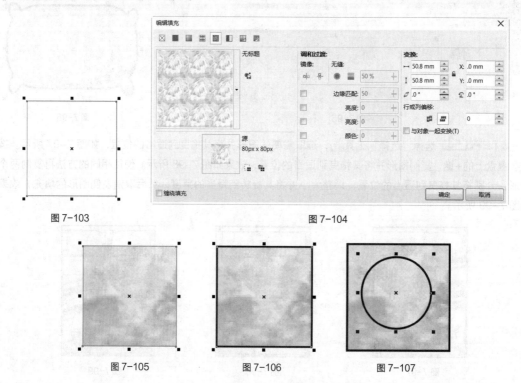

图 7-103

图 7-104

图 7-105

图 7-106

图 7-107

**STEP　3**　选择"手绘"工具 ，按住 Ctrl 键的同时，绘制一条直线，设置适当的轮廓宽度，效果如图 7-108 所示。选择"选择"工具 ，按数字键盘上的+键，复制直线，并再次单击直线，使其处于旋转状态。拖曳旋转中心到适当的位置，如图 7-109 所示，然后拖曳鼠标将其旋转到适当的角度，如图 7-110所示。按住 Ctrl 键的同时连续按 D 键，复制出多条直线，效果如图 7-111 所示。

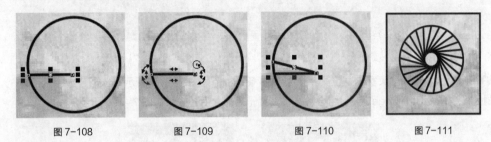

图 7-108　　　　图 7-109　　　　图 7-110　　　　图 7-111

**STEP　4**　选择"选择"工具 ，选取需要的图形，按 Ctrl+G 组合键，将其群组，如图 7-112 所示。将群组图形拖曳到适当的位置，如图 7-113 所示。按数字键盘上的+键，复制图形并将其拖曳到适当的位置，按 Ctrl+Shift+G 组合键，取消群组图形，调整下方图形的大小，效果如图 7-114 所示。

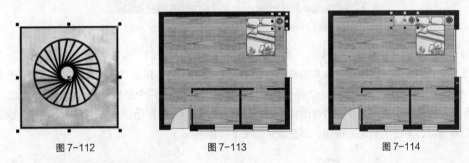

图 7-112　　　　　　图 7-113　　　　　　图 7-114

### 7.1.8　制作地毯和沙发图形

**STEP　1**　选择"矩形"工具 ，绘制一个矩形，如图 7-115 所示。按「11 键，弹出"编辑填充"对话框，选择"底纹填充"按钮 ，弹出相应的对话框，选择需要的样本和底纹图案，如图 7-116 所示。单击"变换"按钮，在弹出的对话框中进行设置，如图 7-117 所示，单击"确定"按钮。返回"编辑填充"对话框，单击"确定"按钮，填充效果如图 7-118 所示。

室内平面图设计 3

图 7-115

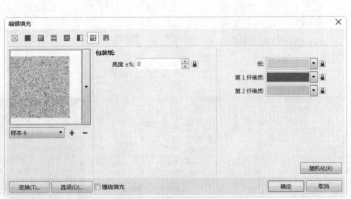

图 7-116

图 7-117

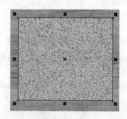

图 7-118

**STEP 2** 选择"贝塞尔"工具，绘制多条折线，如图 7-119 所示。选择"选择"工具，选取绘制的折线，按 Ctrl+PageDown 组合键，将其置于矩形之后，效果如图 7-120 所示。

图 7-119

图 7-120

**STEP 3** 选择"矩形"工具，绘制一个矩形，在属性栏中的"圆角半径"框中设置数值为 0.7mm，按 Enter 键，效果如图 7-121 所示。按 F11 键，弹出"编辑填充"对话框，选择"底纹填充"按钮，弹出相应的对话框，选择需要的样本和底纹图案，将两个颜色设为 CMYK 色，如图 7-122 所示。单击"变换"按钮，在弹出的对话框中进行设置，如图 7-123 所示，单击"确定"按钮。返回"底纹填充"对话框，单击"确定"按钮，填充效果如图 7-124 所示。

图 7-121

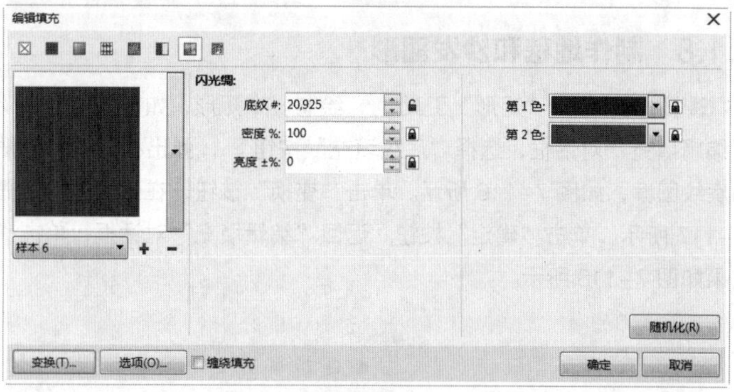

图 7-122

图 7-123

图 7-124

**STEP 4** 选择"矩形"工具 ▢，绘制一个矩形，在属性栏中的"圆角半径" 框中进行设置，如图 7-125 所示。按 Enter 键，效果如图 7-126 所示。

图 7-125　　　　　　　　　　　　　　　　图 7-126

**STEP 5** 选择"选择"工具 ▸，选取矩形，在属性栏中的"轮廓宽度" 框中设置数值为 0.18，按 Enter 键，效果如图 7-127 所示。使用相同的方法再绘制两个图形，如图 7-128 所示。

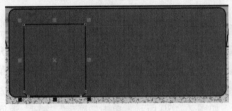

图 7-127　　　　　　　　　　　　　　　　图 7-128

**STEP 6** 选取右侧的图形，在属性栏中将矩形右上方的"圆角半径" 框中的数值设为 0.5，按 Enter 键，效果如图 7-129 所示。

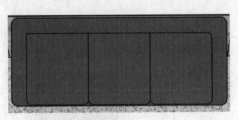

图 7-129

**STEP 7** 选择"椭圆形"工具 ◯，按住 Ctrl 键的同时，拖曳鼠标，绘制一个圆形，如图 7-130 所示。选择"选择"工具 ▸，按住 Ctrl 键的同时，垂直向下拖曳圆形，并在适当的位置上单击鼠标右键，复制出一个新的圆形，效果如图 7-131 所示。按住 Ctrl 键的同时连续按 D 键，复制出多个圆形，效果如图 7-132 所示。

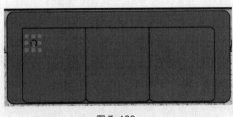

图 7-130　　　　　　　　图 7-131　　　　　　　　图 7-132

**STEP 8** 选择"选择"工具 ▸，选取需要的圆形，按住 Ctrl 键的同时水平向右拖曳图形，并在适当的位置上单击鼠标右键，复制一个新的图形。按住 Ctrl 键的同时连续按 D 键，复制出多个圆形，效果如图 7-133 所示。使用相同的方法复制多个圆形，效果如图 7-134 所示。使用相同的方法再制作出两个沙发图形，效果如图 7-135 所示。

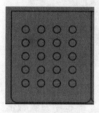
图 7-133

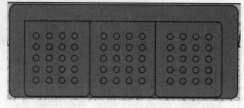
图 7-134

图 7-135

### 7.1.9　制作盆栽和茶几

**STEP⬆1** 选择"矩形"工具 ⬚，绘制一个矩形。在属性栏中的"轮廓宽度" ⬚ .2 mm 框中设置数值为 0.18，按 Enter 键，如图 7-136 所示。按 F11 键，弹出"编辑填充"对话框，选择"底纹填充"按钮 ⬚，弹出相应的对话框，选择需要的样本和底纹图案，单击"色调"选项右侧的按钮，在弹出的菜单中选择"更多"按钮，弹出"选择颜色"对话框，选项的设置如图 7-137 所示。单击"确定"按钮，如图 7-138 所示。单击"变换"按钮，在弹出的对话框中进行设置，如图 7-139 所示，单击"确定"按钮。返回"底纹填充"对话框，单击"确定"按钮，填充效果如图 7-140 所示。

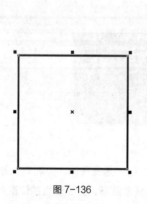
图 7-136

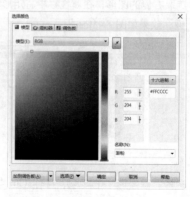
图 7-137

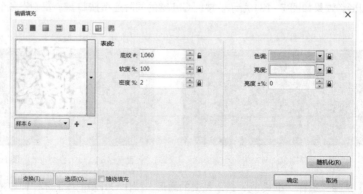
图 7-138

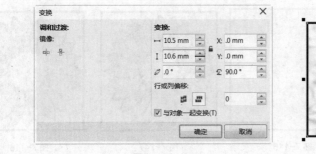 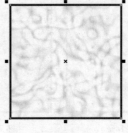

图 7-139　　　　　　　　　图 7-140

**STEP 2** 选择"贝塞尔"工具 ，在矩形中绘制一个图形。在属性栏中的"轮廓宽度" .2 mm 框中设置数值为 0.18，按 Enter 键，效果如图 7-141 所示。按 F11 键，弹出"编辑填充"对话框，选择"底纹填充"按钮 ，弹出相应的对话框，选择需要的样本和底纹图案，如图 7-142 所示。单击"变换"按钮，在弹出的对话框中进行设置，如图 7-143 所示，单击"确定"按钮。返回"编辑填充"对话框，单击"确定"按钮，填充效果如图 7-144 所示。

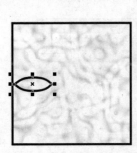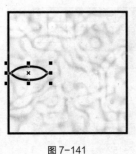 

图 7-141　　　　　　　　　　　　　　　图 7-142

 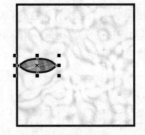

图 7-143　　　　　　　　　图 7-144

**STEP 3** 选择"选择"工具 ，按数字键盘上的+键，复制图形，并再次单击图形，使其处于旋转状态，拖曳旋转中心到适当的位置，如图 7-145 所示，然后拖曳鼠标将其旋转到适当的位置，如图 7-146 所示。

**STEP 4** 按住 Ctrl 键的同时连续按 D 键，复制出多个图形，效果如图 7-147 所示。用圈选的方法选取需要的图形，按 Ctrl+G 组合键，将其群组，如图 7-148 所示。拖曳到适当的位置，如图 7-149 所示。按数字键盘上的+键，复制图形并将其拖曳到适当的位置，效果如图 7-150 所示。

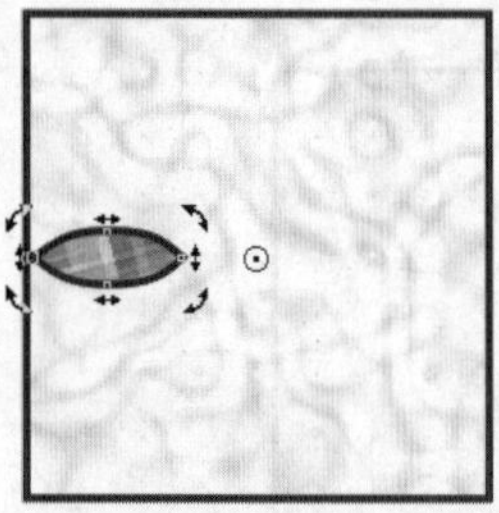

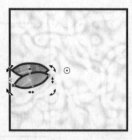
图 7-145

图 7-146

图 7-147

图 7-148

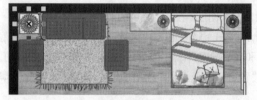
图 7-149

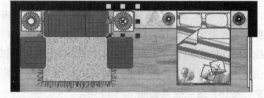
图 7-150

**STEP 5** 选择"矩形"工具 □，绘制一个矩形，设置图形填充颜色的 CMYK 值为 2、2、10、0，填充图形，并在属性栏中进行如图 7-151 所示的设置，按 Enter 键，效果如图 7-152 所示。

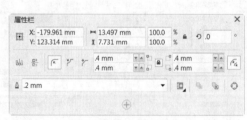
图 7-151

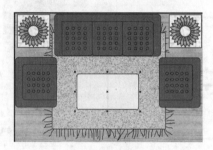
图 7-152

**STEP 6** 使用相同的方法再绘制一个圆角矩形。按 F11 键，弹出"编辑填充"对话框，选择"渐变填充"按钮 ■，将"起点"颜色的 CMYK 值设置为 0、0、0、25，"终点"颜色的 CMYK 值设置为 0、0、0、0，其他选项的设置如图 7-153 所示。单击"确定"按钮，填充图形。然后在属性栏中设置适当的轮廓宽度，效果如图 7-154 所示。

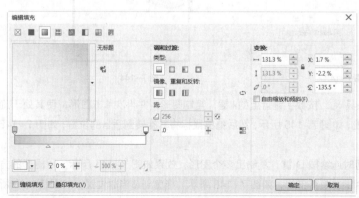
图 7-153

图 7-154

**STEP 7** 选择"选择"工具 ▨，选取需要的图形，按住 Ctrl 键的同时，向下拖曳图形，并在适当的位置上单击鼠标右键，复制一个新的图形，效果如图 7-155 所示。按 Ctrl+Shift+G 组合键，取消图形的群组。选取下方的图形，设置图形填充色的 CMYK 值为 2、18、25、7，填充图形，如图 7-156 所示。选取上方的图形，设置图形填充色的 CMYK 值为 13、2、28、0，填充图形，效果如图 7-157 所示。

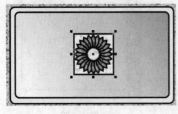 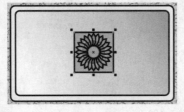 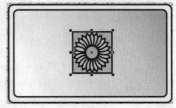

图 7-155　　　　　　　　　　　图 7-156　　　　　　　　　　　图 7-157

**STEP 8** 选择"贝塞尔"工具 ▨，在矩形图形中绘制多条直线，如图 7-158 所示。连续按 Ctrl+PageDown 组合键，将其置于红色矩形的下方，效果如图 7-159 所示。

图 7-158　　　　　　　　　　　　　　　　　图 7-159

### 7.1.10　制作桌子和椅子图形

**STEP 1** 选择"矩形"工具 ▢，绘制一个矩形，在属性栏中的设置如图 7-160 所示。按 Enter 键，效果如图 7-161 所示。

**STEP 2** 按 F11 键，弹出"编辑填充"对话框，选择"位图图样填充"按钮 ▨，弹出相应的对话框，单击位图图案右侧的按钮，在弹出的面板中单击"浏览"按钮，弹出"打开"对话框，选择本书配套资源包中的"Ch07 > 素材 > 室内平面图设计 > 08"文件，单击"打开"按钮。返回"位图图样填充"对话框，选项的设置如图 7-162 所示。单击"确定"按钮，位图填充效果如图 7-163 所示。

室内平面图设计 4

图 7-160　　　　　　　　　　　　　　　　　图 7-161

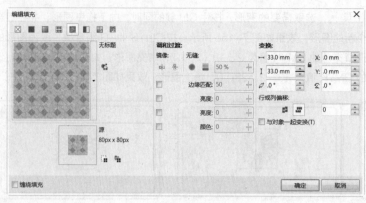

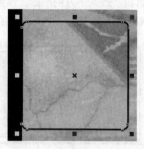

图 7-162                                                         图 7-163

**STEP 3** 选择"贝塞尔"工具 ，绘制一条折线，如图 7-164 所示。选择"选择"工具 ，按数字键盘上的+键，复制折线。单击属性栏中的"水平镜像"按钮 ，水平翻转复制的折线，效果如图 7-165 所示，然后将其拖曳到适当的位置，效果如图 7-166 所示。单击属性栏中的"合并"按钮 ，将两条折线合并，效果如图 7-167 所示。

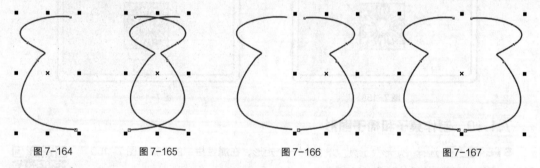

图 7-164                  图 7-165                  图 7-166                  图 7-167

**STEP 4** 选择"形状"工具 ，选取需要的节点，如图 7-168 所示；然后单击属性栏中的"连接两个节点"按钮 ，将两点连接，效果如图 7-169 所示。使用相同的方法将下方的两个节点连接，效果如图 7-170 所示。

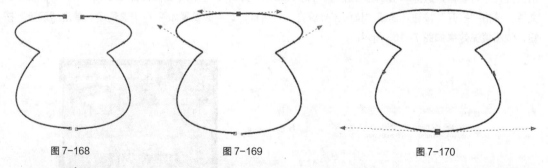

图 7-168                        图 7-169                        图 7-170

**STEP 5** 按 F11 键，弹出"编辑填充"对话框，选择"位图图样填充"按钮 ，弹出相应的对话框，单击位图图案右侧的按钮，在弹出的面板中单击"浏览"按钮，弹出"打开"对话框，选择本书配套资源包中的"Ch07 > 素材 > 室内平面图设计 > 09"文件，单击"打开"按钮。返回"位图图样填充"对话框，选项的设置如图 7-171 所示。单击"确定"按钮，位图填充效果如图 7-172 所示。

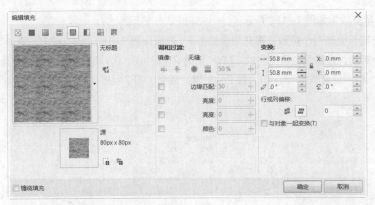

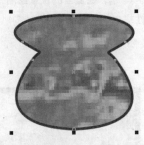

图 7-171　　　　　　　　　　　　　　　　　　　图 7-172

**STEP  6** 选择 "贝塞尔" 工具 ，绘制两条曲线，并填充适当的轮廓宽度，如图 7-173 所示。选择 "选择" 工具 ，将绘制的图形同时选取，并拖曳到适当的位置，效果如图 7-174 所示。使用相同的方法再绘制两个图形，效果如图 7-175 所示。

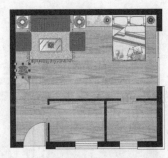

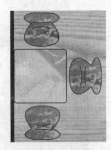

图 7-173　　　　　　　　　图 7-174　　　　　　　　　图 7-175

**STEP  7** 选择 "选择" 工具 ，选取绘制的椅子图形，按数字键盘上的+键，复制图形，并将其拖曳到适当的位置，旋转到适当的角度，效果如图 7-176 所示。选取两条曲线，按 Delete 键，将其删除。选择 "3 点矩形" 工具 ，绘制两个矩形，并填充与椅子相同的图案，效果如图 7-177 所示。

图 7-176　　　　　　　　　　　　　　　图 7-177

**STEP  8** 选择 "矩形" 工具 ，在适当的位置绘制一个矩形，如图 7-178 所示。按 F11 键，弹出 "编辑填充" 对话框，选择 "位图图样填充" 按钮 ，弹出相应的对话框，单击位图图案右侧的按钮，在弹出的面板中单击 "浏览" 按钮，弹出 "打开" 对话框，选择本书配套资源包中的 "Ch07 > 素材 > 室内平面图设计 > 07" 文件，单击 "打开" 按钮。返回 "位图图样填充" 对话框，选项的设置如图 7-179

所示。单击"确定"按钮，位图填充效果如图 7-180 所示。

**STEP 9** 使用相同的方法再绘制两个矩形并填充相同的图案，效果如图 7-181 所示。选择"矩形"
工具 □，在适当的位置绘制一个矩形，设置图形填充色的 CMYK 值为 2、2、10、0，填充图形，然后在属
性栏中的"轮廓宽度" □ .2 mm ▼ 框中设置数值为 0.18，按 Enter 键，效果如图 7-182 所示。

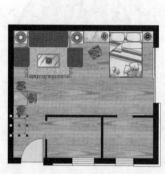

图 7-178

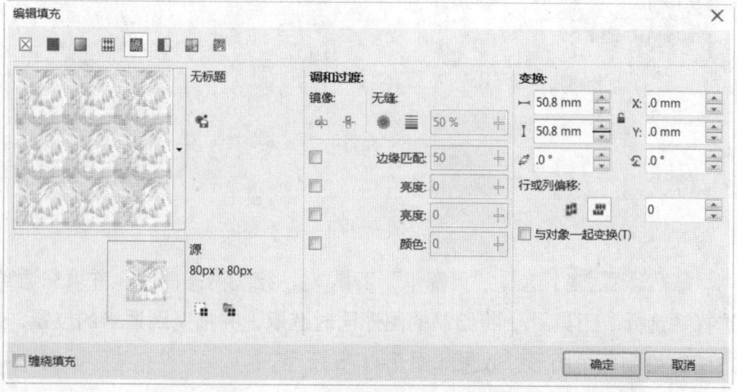

图 7-179

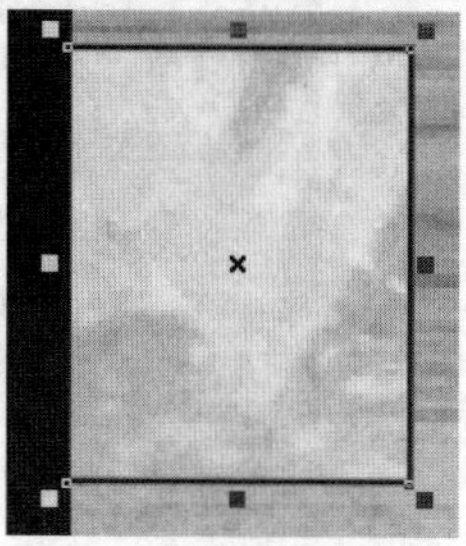

图 7-180 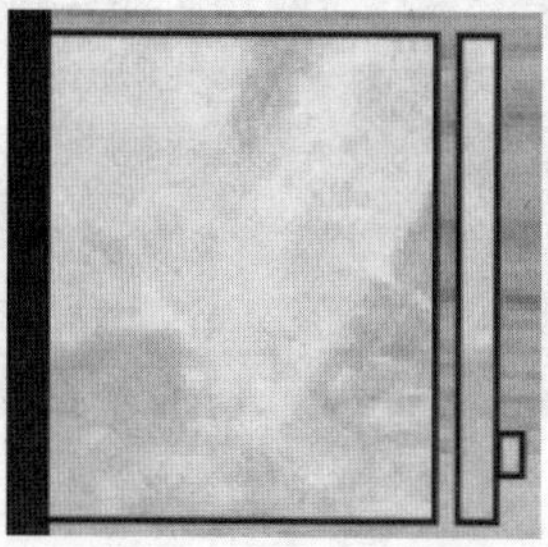　　　　　图 7-181 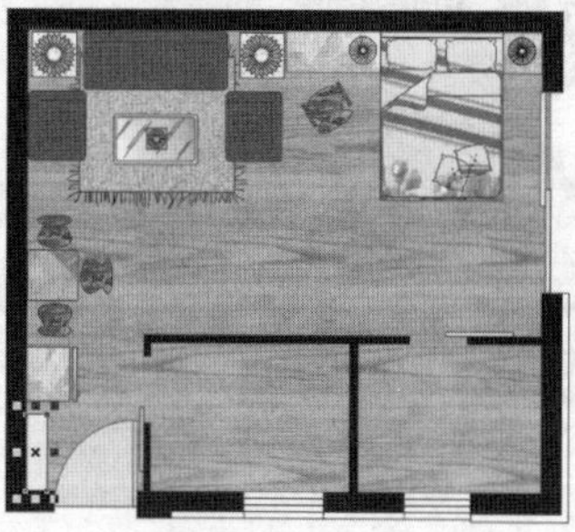　　　　　图 7-182

## 7.1.11　制作阳台

**STEP 1** 选择"矩形"工具 □，在适当的位置绘制一个
矩形，设置图形填充色的 CMYK 值为 27、12、30、0，填充图形，
然后在属性栏中的"轮廓宽度" □ .2 mm ▼ 框中设置数值为 0.18，
按 Enter 键，效果如图 7-183 所示。选择"贝塞尔"工具 ，在
适当的位置绘制一个图形，如图 7-184 所示。

**STEP 2** 按 F11 键，弹出"编辑填充"对话框，选择"底
纹填充"按钮 ，弹出相应的对话框，选择需要的样本和底纹图
案，如图 7-185 所示。单击"变换"按钮，在弹出的对话框中进
行设置，如图 7-186 所示，单击"确定"按钮。返回"底纹填充"

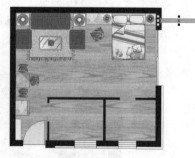

图 7-183

对话框，单击"确定"按钮，填充效果如图 7-187 所示。选择"矩形"工具 □，在适当的位置绘制 3 个矩
形，如图 7-188 所示。选择"选择"工具 ，选取最内侧的矩形，按数字键盘上的+键，复制一个矩形，
效果如图 7-189 所示。

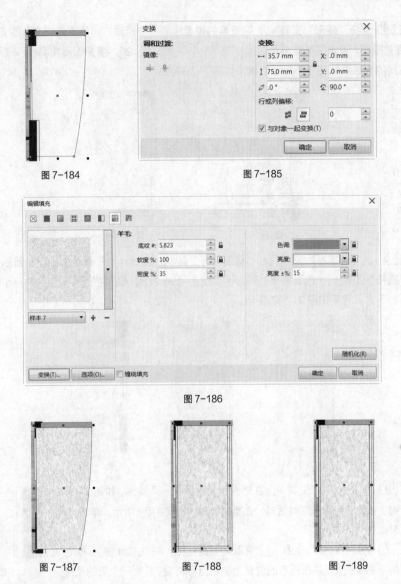

图 7-184 图 7-185

图 7-186

图 7-187 图 7-188 图 7-189

**STEP 3** 选择"图纸"工具 ，在属性栏中的设置如图 7-190 所示，并在页面中适当的位置绘制网格图形，如图 7-191 所示。设置图形填充色的 CMYK 值为 0、0、0、10，填充图形。设置图形轮廓色的 CMYK 值为 0、0、0、37，填充图形轮廓线，效果如图 7-192 所示。

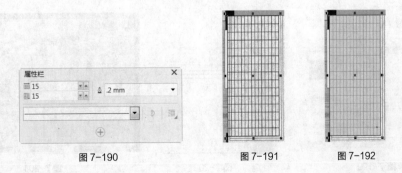

图 7-190 图 7-191 图 7-192

**STEP↘4** 选择"矩形"工具 □，在适当的位置绘制一个矩形，设置图形填充色的 CMYK 值为 0、0、0、10，填充图形。设置图形轮廓色的 CMYK 值为 0、0、0、20，填充图形轮廓线，效果如图 7-193 所示。使用相同的方法再绘制 3 个矩形，效果如图 7-194 所示。

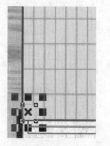

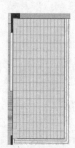

图 7-193　　　　　　　图 7-194

**STEP↘5** 选择"矩形"工具 □ 和"椭圆形"工具 ○，在适当的位置绘制矩形和圆形，如图 7-195 所示。选择"选择"工具 ▹，选取需要的图形，如图 7-196 所示。连续按 Ctrl+PageDown 组合键，将其置到墙体图形的下方，效果如图 7-197 所示。

图 7-195　　　　　图 7-196　　　　　图 7-197

**STEP↘6** 选择"矩形"工具 □，在适当的位置绘制一个矩形，如图 7-198 所示。按 F12 键，弹出"轮廓笔"对话框，选项的设置如图 7-199 所示，单击"确定"按钮，效果如图 7-200 所示。

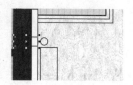

图 7-198

**STEP↘7** 选择"选择"工具 ▹，选取需要的图形，按住 Ctrl 键的同时，按住鼠标左键向下拖曳图形，并在适当的位置上单击鼠标右键，复制一个新的图形，效果如图 7-201 所示。

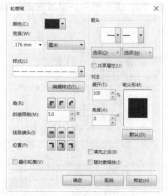
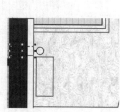

图 7-199　　　　　　图 7-200　　　　　　图 7-201

### 7.1.12 制作电视和衣柜图形

STEP 1 选择"矩形"工具 □，绘制一个矩形，在属性栏中的设置如图 7-202 所示。按 Enter 键，效果如图 7-203 所示。

STEP 2 按 F11 键，弹出"编辑填充"对话框，选择"渐变填充"按钮 ■，将"起点"颜色的 CMYK 值设置为 2、0、0、8，"终点"颜色的 CMYK 值设置为 2、20、28、8，其他选项的设置如图 7-204 所示。单击"确定"按钮，填充图形，并设置适当的轮廓宽度，效果如图 7-205 所示。

室内平面图设计 5

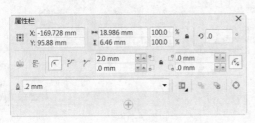

图 7-202

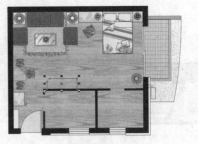

图 7-203

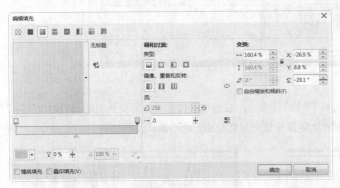

图 7-204

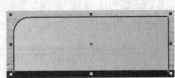

图 7-205

STEP 3 选择"矩形"工具 □，绘制一个矩形。按 F11 键，弹出"编辑填充"对话框，选择"渐变填充"按钮 ■，将"起点"颜色的 CMYK 值设置为 2、2、0、36，"终点"颜色的 CMYK 值设置为 0、0、0、0，其他选项的设置如图 7-206 所示。单击"确定"按钮，填充图形，并设置适当的轮廓宽度，效果如图 7-207 所示。

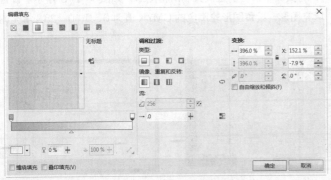

图 7-206

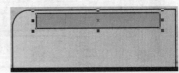

图 7-207

**STEP 4** 选择"矩形"工具 □ 和"贝塞尔"工具 ⚊，绘制两个图形，并填充适当的渐变色，效果如图 7-208 所示。选择"矩形"工具 □，绘制一个矩形。按 F11 键，弹出"编辑填充"对话框，选择"位图图样填充"按钮 ▨，弹出相应的对话框，选项的设置如图 7-209 所示。单击"确定"按钮，位图填充效果如图 7-210 所示。

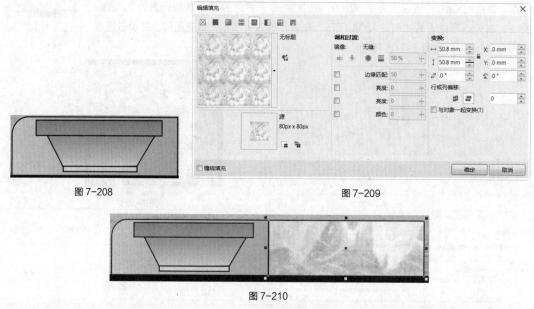

图 7-208                                图 7-209

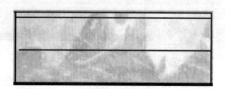

图 7-210

**STEP 5** 选择"矩形"工具 □ 和"手绘"工具 ⚊，在适当的位置绘制需要的图形，效果如图 7-211 所示。选择"3 点矩形"工具 □，绘制多个矩形并填充与底图相同的图案，效果如图 7-212 所示。

图 7-211                                图 7-212

### 7.1.13　制作厨房的地板和厨具

**STEP 1** 选择"图纸"工具 ▦，在页面中适当的位置绘制网格图形，如图 7-213 所示。设置图形填充色的 CMYK 值为 11、0、0、0，填充图形；设置图形轮廓色的 CMYK 值为 0、0、0、28，填充图形轮廓线，效果如图 7-214 所示。

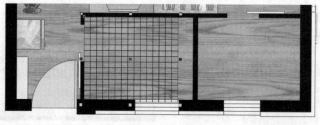

图 7-213

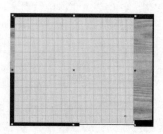

图 7-214

**STEP 2** 选择"矩形"工具 ▢，在适当的位置绘制两个矩形，如图 7-215 所示。选择"选择"工具 ▶，将矩形全部选取，然后单击属性栏中的"合并"按钮 ⬗，将矩形合并为一个图形，并在属性栏中的"轮廓宽度" ▵ .2 mm ⌄ 框中设置数值为 0.18，按 Enter 键，效果如图 7-216 所示。

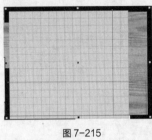
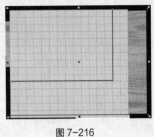

图 7-215　　　　　　　　　　　　图 7-216

**STEP 3** 按 F11 键，弹出"编辑填充"对话框，选择"底纹填充"按钮 ▦，弹出相应的对话框，选择需要的样本和底纹图案，如图 7-217 所示。单击"变换"按钮，在弹出的对话框中进行设置，如图 7-218 所示，单击"确定"按钮。返回"底纹填充"对话框，单击"确定"按钮，填充效果如图 7-219 所示。

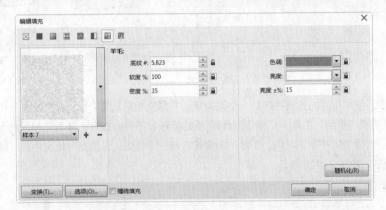

图 7-217

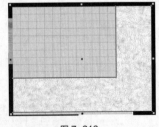

图 7-218　　　　　　　　　　图 7-219

**STEP 4** 选择"矩形"工具 ▢，在页面中绘制一个矩形，并在属性栏中按图 7-220 所示进行设置，按 Enter 键，效果如图 7-221 所示。

**STEP 5** 按 F11 键，弹出"编辑填充"对话框，选择"渐变填充"按钮 ▧，将"起点"颜色的 CMYK 值设置为 0、2、0、0，"终点"颜色的 CMYK 值设置为 12、2、10、11，其他选项的设置如图 7-222 所示。单击"确定"按钮，填充图形，并设置适当的轮廓宽度，效果如图 7-223 所示。

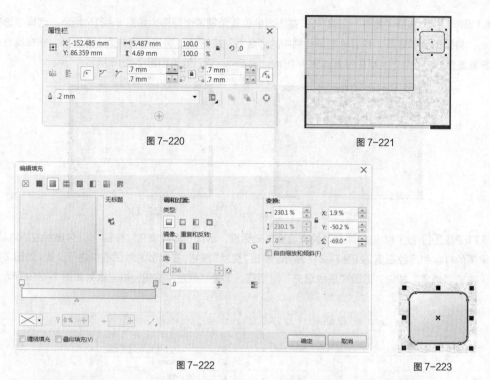

图 7-220　　　　　　　　　　　　图 7-221

图 7-222　　　　　　　　　　　　图 7-223

**STEP 6** 使用相同的方法再绘制一个圆角矩形并填充相同的渐变色，效果如图 7-224 所示。选择"椭圆形"工具 ◯ 和"手绘"工具 ↖ ，分别绘制需要的圆形和不规则图形，并填充相同的渐变色，效果如图 7-225 所示。选择"矩形"工具 ▢ ，在适当的位置绘制一个矩形，设置图形填充色的 CMYK 值为 9、2、10、7，填充图形，如图 7-226 所示。

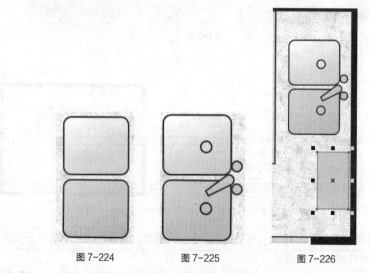

图 7-224　　　　　　图 7-225　　　　　　图 7-226

**STEP 7** 按 F12 键，弹出"轮廓笔"对话框，选项的设置如图 7-227 所示，单击"确定"按钮，效果如图 7-228 所示。选择"手绘"工具 ↖ ，绘制两条直线，并设置相同的轮廓样式和轮廓宽度，效果如图 7-229 所示。

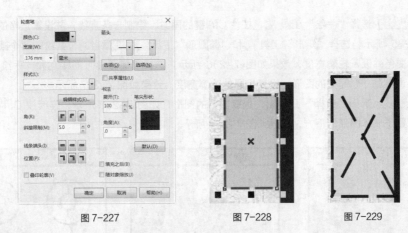

图 7-227　　　　　　　图 7-228　　　　　　　图 7-229

**STEP 8** 选择"矩形"工具 □，在适当的位置绘制一个矩形。设置图形填充色的 CMYK 值为 7、2、10、7，填充图形，并设置适当的轮廓宽度，效果如图 7-230 所示。使用相同的方法再绘制两个矩形，效果如图 7-231 所示。选择"贝塞尔"工具 ，在适当的位置绘制两个图形，并设置适当的轮廓宽度，效果如图 7-232 所示。

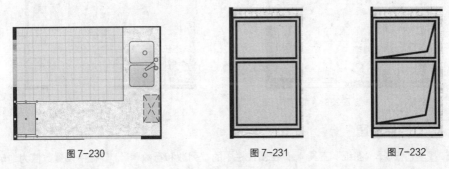

图 7-230　　　　　　　图 7-231　　　　　　　图 7-232

**STEP 9** 选择"矩形"工具 □，绘制一个矩形。按 F11 键，弹出"编辑填充"对话框，选择"渐变填充"按钮 ，将"起点"颜色的 CMYK 值设置为 0、2、0、0，"终点"颜色的 CMYK 值设置为 14、5、0、17，其他选项的设置如图 7-233 所示。单击"确定"按钮，填充图形，并设置适当的轮廓宽度，效果如图 7-234 所示。

图 7-233　　　　　　　　　　　　　图 7-234

**STEP☑10** 选择"手绘"工具 ✎，按住 Ctrl 键的同时，绘制一条直线，并设置适当的轮廓宽度，效果如图 7-235 所示。选择"矩形"工具 ▫ 和"椭圆形"工具 ○，在适当的位置绘制两个圆形和矩形，填充相同的渐变色并设置轮廓宽度，效果如图 7-236 所示。选择"椭圆形"工具 ○ 和"手绘"工具 ✎，用相同的方法再绘制一个需要的图形，设置相同的轮廓宽度，效果如图 7-237 所示。

**STEP☑11** 选择"选择"工具 ▹，选取需要的图形，如图 7-238 所示，连续按 Ctrl+PageDown 组合键，将其置于墙体图形的下方，效果如图 7-239 所示。

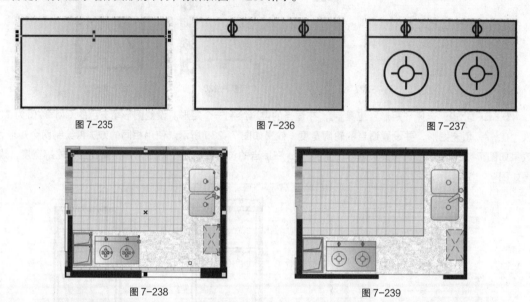

图 7-235　　　　　　　　　　图 7-236　　　　　　　　　　图 7-237

图 7-238　　　　　　　　　　图 7-239

### 7.1.14　制作浴室

**STEP☑1** 选择"图纸"工具 ▦，在属性栏中的"列数和行数" ▦ 框中设置数值为 15、5，并在页面中适当的位置绘制网格图形，如图 7-240 所示。设置图形填充色的 CMYK 值为 0、0、0、10，填充图形。设置图形轮廓色的 CMYK 值为 0、0、0、20，填充图形轮廓线，并设置适当的轮廓宽度，效果如图 7-241 所示。

图 7-240　　　　　　　　　　　　　　　图 7-241

**STEP☑2** 选择"矩形"工具 ▫，绘制一个矩形。选择"图纸"工具 ▦，在属性栏中的"列数和行数" ▦ 框中设置数值为 15、15，在适当的位置绘制网格图形。设置图形填充色的 CMYK 值为 11、0、0、0，并填充图形。设置图形轮廓色的 CMYK 值为 0、0、0、28，填充图形轮廓线，效果如图 7-242 所示。

STEP 3 选择"矩形"工具 ，绘制一个矩形。按 F11 键，弹出"编辑填充"对话框，选择"底纹填充"按钮 ，弹出相应的对话框，选择需要的样本和底纹图案，如图 7-243 所示。单击"变换"按钮，在弹出的对话框中进行设置，如图 7-244 所示，单击"确定"按钮。返回"底纹填充"对话框，单击"确定"按钮，填充效果如图 7-245 所示。选择"矩形"工具 ，绘制一个矩形，在属性栏中的"圆角半径"框中设置数值为 1.4mm，按 Enter 键。填充与底图相同的底纹，效果如图 7-246 所示。

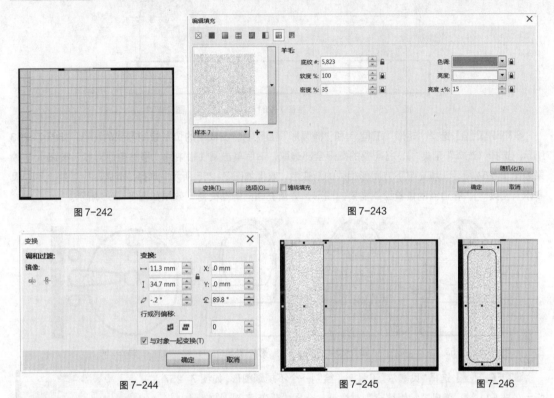

图 7-242　　　　　　　　　　图 7-243

图 7-244　　　　　　　　　图 7-245　　　　图 7-246

STEP 4 选择"矩形"工具 ，绘制一个圆角矩形，如图 7-247 所示。按 F11 键，弹出"编辑填充"对话框，选择"渐变填充"按钮 ，将"起点"颜色的 CMYK 值设置为 2、2、0、0，"终点"颜色的 CMYK 值设置为 2、2、0、21，其他选项的设置如图 7-248 所示。单击"确定"按钮，填充图形，并设置适当的轮廓宽度，效果如图 7-249 所示。

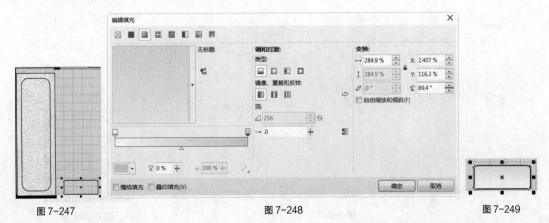

图 7-247　　　　　　　　　　图 7-248　　　　　　　　　图 7-249

**STEP 5** 选择"矩形"工具 ▢ 和"椭圆形"工具 ○，在适当的位置绘制需要的图形，如图 7-250 所示。选择"选择"工具 ▨，将需要的图形全部选取，然后单击属性栏中的"合并"按钮 ▣，将图形合并为一个图形，效果如图 7-251 所示。填充与下方图形相同的渐变色，效果如图 7-252 所示。

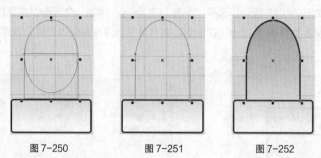

图 7-250　　　　　图 7-251　　　　　图 7-252

**STEP 6** 选择"矩形"工具 ▢ 和"椭圆形"工具 ○，在适当的位置绘制需要的图形，如图 7-253 所示。选择"选择"工具 ▨，将需要的图形全部选取，然后单击属性栏中的"移除前面对象"按钮 ▣，效果如图 7-254 所示。填充与下方图形相同的渐变色，效果如图 7-255 所示。选择"椭圆形"工具 ○ 和"贝塞尔"工具 ✎，在适当的位置绘制需要的图形，并填充相同的渐变色，效果如图 7-256 所示。

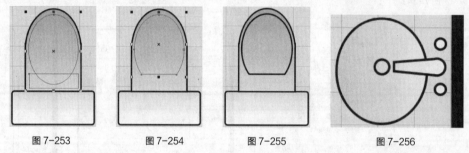

图 7-253　　　　　图 7-254　　　　　图 7-255　　　　　图 7-256

**STEP 7** 选择"贝塞尔"工具 ✎，绘制一个不规则图形，如图 7-257 所示。按 F11 键，弹出"编辑填充"对话框，选择"渐变填充"按钮 ▣，将"起点"颜色的 CMYK 值设置为 0、1、0、0，"终点"颜色的 CMYK 值设置为 18、1、36、0，其他选项的设置如图 7-258 所示。单击"确定"按钮，填充图形，并设置适当的轮廓宽度，效果如图 7-259 所示。

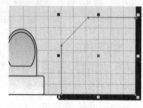

图 7-257

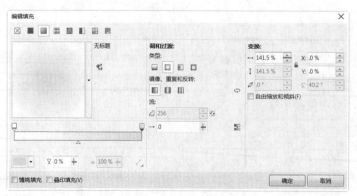

图 7-258

图 7-259

**STEP★8]** 选择"矩形"工具 ▢，绘制一个矩形，在属性栏中的"轮廓宽度" ▢ .2 mm ▾ 框中设置数值为 0.18，如图 7-260 所示。选择"选择"工具 ▸，选取需要的图形，如图 7-261 所示，连续按 Ctrl+PageDown 组合键，将其置于墙体图形的下方，效果如图 7-262 所示。

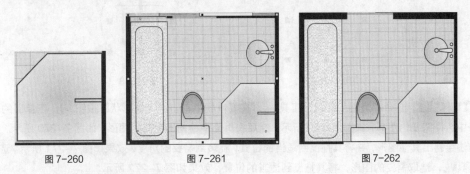

图 7-260　　　　　图 7-261　　　　　图 7-262

### 7.1.15　添加标注和指南针

**STEP★1]** 选择"平行度量"工具 ✎，将鼠标的光标移动到平面图上方墙体的左侧并单击，拖曳鼠标，将鼠标光标移动到右侧再次单击，再将鼠标光标拖曳到线段中间单击完成标注，效果如图 7-263 所示。在属性栏中单击"度量单位"选项，在弹出的菜单中选择需要的单位，如图 7-264 所示，标注效果如图 7-265 所示。用相同的方法标注左侧的墙体，效果如图 7-266 所示。

室内平面图设计 6

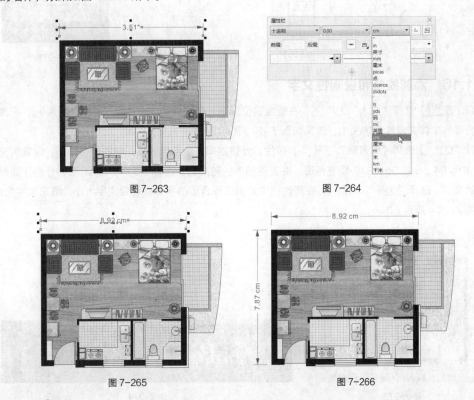

图 7-263　　　　　　　　　　　　图 7-264

图 7-265　　　　　　　　　　　　图 7-266

**STEP★2]** 选择"椭圆形"工具 ○，按住 Ctrl 键的同时拖曳鼠标，绘制一个圆形，如图 7-267 所示。选择"文本"工具 字，在页面中输入需要的文字。选择"选择"工具 ▸，在属性栏中选择合适的字体并设置文字大小，效果如图 7-268 所示。

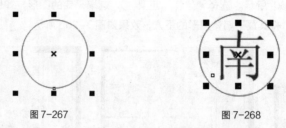

图 7-267                    图 7-268

**STEP 3** 选择"流程图形状"工具 ，在属性栏中单击"完美形状"按钮 ，在弹出的下拉图形列表中选择需要的图标，如图 7-269 所示，然后在页面中绘制出需要的图形，如图 7-270 所示。使用相同的方法绘制出其他图形，并将其拖曳到适当的位置，旋转到需要的角度，效果如图 7-271 所示。选择"选择"工具 ，选取需要的图形，将其拖曳到适当的位置，效果如图 7-272 所示。

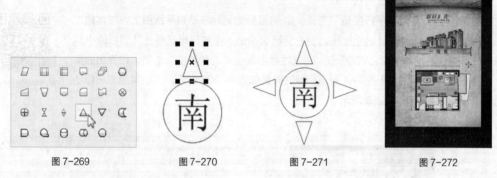

图 7-269          图 7-270          图 7-271          图 7-272

### 7.1.16　添加线条和说明性文字

**STEP 1** 选择"文本"工具 ，在适当的位置输入需要的文字。选择"选择"工具 ，在属性栏中选择合适的字体并设置文字大小，效果如图 7-273 所示。

**STEP 2** 选择"椭圆形"工具 ，按住 Ctrl 键的同时，拖曳鼠标，绘制一个圆形。设置填充色的 CMYK 值为 94、51、95、23，填充图形，并去除图形的轮廓线。选择"文本"工具 ，分别在圆形中输入需要的文字。选择"选择"工具 ，在属性栏中分别选择合适的字体并设置文字大小，填充文字为白色，效果如图 7-274 所示。

图 7-273

图 7-274

**STEP 3** 选择"矩形"工具 ，绘制一个矩形，填充为白色，并去除图形的轮廓线，效果如图

7-275 所示。选择"文本"工具 📝，分别输入需要的文字。选择"选择"工具 ▷，在属性栏中选择合适的字体并设置文字大小，效果如图 7-276 所示。

　　　图 7-275　　　　　　　　　　　　　　　　　图 7-276

**STEP⬇4** 按住 Shift 键的同时，将需要的文字同时选取，设置填充色的 CMYK 值为 0、0、20、0，填充文字，如图 7-277 所示。

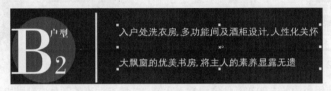

图 7-277

**STEP⬇5** 选择"矩形"工具 ▢，在属性栏中的"圆角半径" [图标] 框中设置数值为 1.6mm，如图 7-278 所示，在适当的位置绘制矩形。设置填充颜色的 CMYK 值为 0、0、0、10，填充矩形，并去除其轮廓线，效果如图 7-279 所示。

　　　图 7-278　　　　　　　　　　　　　　　　　图 7-279

**STEP⬇6** 连续按 Ctrl+PageDown 组合键，后移矩形，如图 7-280 所示。选择"选择"工具 ▷，选取矩形。按两次数字键盘上的+键，复制两个矩形。按住 Ctrl 键的同时，分别将其垂直向下拖曳到适当的位置，效果如图 7-281 所示。

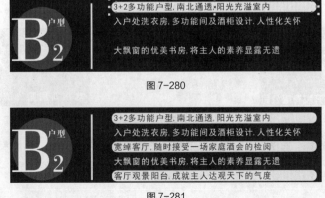

图 7-280

图 7-281

**STEP 7** 选择"文本"工具 字，在页面中单击插入光标，如图 7-282 所示。选择"文本 > 插入字符"命令，弹出"插入字符"泊坞窗，在泊坞窗中进行设置并选择需要的字符，如图 7-283 所示，双击字符将其插入光标处，效果如图 7-284 所示。按 Space 键调整字符与文字的间距，效果如图 7-285 所示。

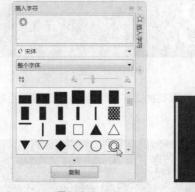

图 7-282　　　　　　　　图 7-283　　　　　　　　图 7-284　　　　　　　　图 7-285

**STEP 8** 使用相同的方法在其他位置插入字符，并填充适当的颜色，效果如图 7-286 所示。选择"文本"工具 字，在页面中分别输入需要的文字。选择"选择"工具 ，在属性栏中选择合适的字体并设置文字大小，填充文字为白色，效果如图 7-287 所示。

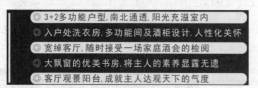

图 7-286　　　　　　　　　　　　　　　图 7-287

**STEP 9** 选择"选择"工具 ，选取需要的文字，再次单击文字，使其处于旋转状态，向右拖曳上方中间的控制手柄到适当的位置，倾斜文字，效果如图 7-288 所示。选取下方的文字，在"对象属性"泊坞窗中选项的设置如图 7-289 所示。按 Enter 键，文字效果如图 7-290 所示。

图 7-288　　　　　　　　图 7-289　　　　　　　　图 7-290

**STEP 10** 选择"选择"工具 ，分别选取文字，单击属性栏中的"将文本更改为垂直方向"按钮 ，垂直排列文字，如图 7-291 所示。分别将其拖曳到适当的位置，效果如图 7-292 所示。室内平面图设计制作完成。

图 7-291

图 7-292

## 7.2　课后习题——尚府室内平面图设计

### 习题知识要点

在 Photoshop 中，使用不透明度选项和添加图层蒙版命令制作底图合成效果，使用横排文字工具添加需要的文字。在 CorelDRAW 中，使用矩形工具绘制墙体，使用椭圆工具绘制饼形制作门图形，使用图纸工具绘制地板和窗图形，使用标注工具标注平面图。尚府室内平面图设计效果如图 7-293 所示。

### 效果所在位置

资源包/Ch07/效果/尚府室内平面图设计/尚府室内平面图.cdr。

图 7-293

尚府室内平面图底图　尚府室内平面图设计 1　尚府室内平面图设计 2

尚府室内平面图设计 3　尚府室内平面图设计 4　尚府室内平面图设计 5

Chapter

8

第 8 章
宣传单设计

　　宣传单是直销广告的一种，对宣传活动和促销商品有着重要的作用。宣传单通过派送、邮递等形式，可以有效地将信息传送给目标受众。众多的企业和商家都希望通过宣传单来宣传自己的产品，传播自己的企业文化。本章以商场宣传单和咖啡宣传单设计为例，讲解宣传单的设计方法和制作技巧。

**课堂学习目标**

● 在 Photoshop 软件中制作宣传单底图

● 在 CorelDRAW 软件中添加底图、标题文字及相关信息

# 8.1 商场宣传单设计

⊕ 案例学习目标

学习在 Photoshop 中使用图层面板、选区工具、绘图工具、填充命令和滤镜命令制作宣传单底图。在 CorelDRAW 中使用文本工具、填充命令和交互式效果工具添加宣传语和其他相关信息。

⊕ 案例知识要点

在 Photoshop 中，使用填充命令和图层的混合模式制作背景底图，使用椭圆工具和高斯模糊滤镜命令制作高光，使用调整命令调整图像的背景亮度。在 CorelDRAW 中，使用文本工具和对象属性面板添加并调整标题文字和其他宣传文字，使用转换为曲线命令和形状工具制作标题文字效果，使用阴影工具为标题文字添加阴影，使用立体化工具制作标题文字的立体效果，使用矩形工具、复制命令和造型按钮制作需要的装饰图形。商场宣传单效果如图 8-1 所示。

⊕ 效果所在位置

资源包/Ch08/效果/商场宣传单设计/商场宣传单.cdr。

图 8-1

## Photoshop 应用

### 8.1.1 绘制背景底图

**STEP 1** 打开 Photoshop 软件，按 Ctrl + N 组合键，新建一个文件：宽度为 21.6cm，高度为 29.1cm，分辨率为 150 像素/英寸，颜色模式为 RGB，背景内容为白色。将前景色设为草绿色（其 R、G、B 的值分别为 181、209、46）。按 Alt+Delete 组合键，用前景色填充背景图层，效果如图 8-2 所示。

商场宣传单底图

**STEP 2** 按 Ctrl + O 组合键，打开本书配套资源包中的"Ch08 > 素材 > 商场宣传单设计 > 01"文件，选择"移动"工具 ，将图片拖曳到图像窗口中适当的位置，如图 8-3 所示。在"图层"控制面板中生成新的图层并将其命名为"图片"。

**STEP 3** 在"图层"控制面板上方，将"图片"图层的混合模式选项设为"正片叠底"，如图 8-4 所示，图像效果如图 8-5 所示。

图 8-2

图 8-3

图 8-4

图 8-5

### 8.1.2 添加素材图片

**STEP 1** 按 Ctrl + O 组合键，打开本书配套资源包中的"Ch08 ＞ 素材 ＞ 商场宣传单设计 ＞ 02"文件，选择"移动"工具 ，将图片拖曳到图像窗口中适当的位置，如图 8-6 所示。在"图层"控制面板中生成新的图层并将其命名为"红盒子"。

**STEP 2** 按 Ctrl + O 组合键，打开本书配套资源包中的"Ch08 ＞ 素材 ＞ 商场宣传单设计 ＞ 03"文件，选择"移动"工具 ，将图片拖曳到图像窗口中适当的位置，如图 8-7 所示。在"图层"控制面板中生成新的图层并将其命名为"绿盒子"。

**STEP 3** 选取"红盒子"图层。选择"移动"工具 ，按住 Alt 键的同时，将其拖曳到适当的位置，复制图片。在"图层"控制面板中生成新的拷贝图层，并将其拖曳到所有图层的上方，图像效果如图 8-8 所示。

图 8-6

图 8-7

图 8-8

**STEP 4** 按 Ctrl + O 组合键，打开本书配套资源包中的"Ch08 ＞ 素材 ＞ 商场宣传单设计 ＞ 04"文件，选择"移动"工具 ，将图片拖曳到图像窗口中适当的位置，如图 8-9 所示。在"图层"控制面板中生成新的图层并将其命名为"气球"。

图 8-9

**STEP 5** 选择"矩形选框"工具 ，在适当的位置绘制矩形选区，如图 8-10 所示。选择"渐变"工具 ，单击属性栏中的"点按可编辑渐变"按钮 ，弹出"渐变编辑器"对话框，将渐变色设为从橘黄色（其 R、G、B 的值分别为 255、228、0）到红色（其 R、G、B 的值分别为 225、0、25），

如图 8-11 所示，单击"确定"按钮。在选区中从下向上拖曳渐变色，按 Ctrl+D 组合键，取消选区，效果
如图 8-12 所示。

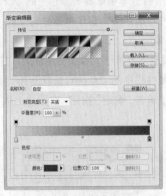

图 8-10　　　　　　　　　　图 8-11　　　　　　　　　　图 8-12

**STEP 6** 按 Ctrl + O 组合键，打开本书配套资源包中的"Ch08 > 素材 > 商场宣传单设计 > 05"
文件，选择"移动"工具，将图片拖曳到图像窗口中适当的位置，如图 8-13 所示。在"图层"控制面
板中生成新的图层并将其命名为"装饰"。

**STEP 7** 将前景色设为黄色（其 R、G、B 的值分别为 255、246、106）。新建图层并将其命名
为"光"。选择"椭圆"工具，在属性栏的"选择工具模式"选项中选择"像素"，按住 Shift 键的同
时，在图像窗口中绘制圆形，如图 8-14 所示。选择"移动"工具，将圆形拖曳到适当的位置，效果如
图 8-15 所示。

图 8-13　　　　　　　　　　图 8-14　　　　　　　　　　图 8-15

**STEP 8** 选择"滤镜 > 模糊 > 高斯模糊"命令，在弹出的对话框中进行设置，如图 8-16 所示。
单击"确定"按钮，效果如图 8-17 所示。

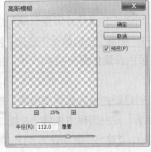
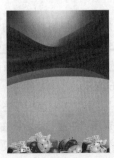

图 8-16　　　　　　　　　　图 8-17

### 8.1.3　制作光晕效果

**STEP⬆1** 按 Ctrl + O 组合键，打开本书配套资源包中的"Ch08 > 素材 > 商场宣传单设计 > 06"文件，选择"移动"工具 ⬆+，将图片拖曳到图像窗口中适当的位置，如图 8-18 所示。在"图层"控制面板中生成新的图层并将其命名为"光晕"。

**STEP⬆2** 在"图层"控制面板下方单击"添加图层蒙版"按钮 ▣，为图层添加蒙版，如图 8-19 所示。选择"渐变"工具 ▣，单击属性栏中的"点按可编辑渐变"按钮 ▬▬▬▬ ▾，弹出"渐变编辑器"对话框，将渐变色设为从黑色到白色，单击"确定"按钮。在图片上从下向上拖曳出渐变色，效果如图 8-20 所示。

图 8-18　　　　　　　　　图 8-19　　　　　　　　　图 8-20

**STEP⬆3** 在"图层"控制面板上方，将该图层的混合模式选项设为"叠加"，如图 8-21 所示，图像效果如图 8-22 所示。

图 8-21　　　　　　　　　图 8-22

**STEP⬆4** 按 Ctrl + O 组合键，打开本书配套资源包中的"Ch08 > 素材 > 商场宣传单设计 > 07"文件，选择"移动"工具 ⬆+，将图片拖曳到图像窗口中适当的位置，如图 8-23 所示。在"图层"控制面板中生成新的图层并将其命名为"蝴蝶结"。

**STEP⬆5** 单击"图层"控制面板下方的"创建新的填充或调整图层"按钮 ◐，在弹出的菜单中选择"亮度/对比度"命令，在"图层"控制面板中生成"亮度/对比度 1"图层，同时弹出相应的调整面板，选项的设置如图 8-24 所示。按 Enter 键，效果如图 8-25 所示。

图 8-23

**STEP⬆6** 单击"图层"控制面板下方的"创建新的填充或调整图层"按钮 ◐，在弹出的菜单中选择"曲线"命令，在"图层"控制面板中生成"曲线 1"图层，同时弹出相应的调整面板，单击添加调整点，将"输入"选项设为 133，"输出"选项设为 119，其他选项的设置如图 8-26 所示。按 Enter 键，效果如图 8-27 所示。

图 8-24　　　　　　　　　　图 8-25

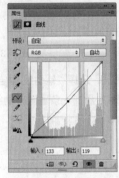

图 8-26　　　　　　　　　　图 8-27

**STEP 7** 商场宣传单底图制作完成。按 Ctrl+Shift+E 组合键，合并可见图层。按 Ctrl+S 组合键，弹出"存储为"对话框，将其命名为"商场宣传单底图"，并保存为 TIFF 格式。单击"保存"按钮，弹出"TIFF 选项"对话框，单击"确定"按钮，将图像保存。

## CorelDRAW 应用

### 8.1.4　添加参考线和底图

**STEP 1** 打开 CorelDRAW 软件，按 Ctrl+N 组合键，新建一个页面。在属性栏的"页面度量"选项中分别设置宽度为 210mm，高度为 285mm，按 Enter 键，页面显示为设置的大小，如图 8-28 所示。选择"视图 > 页 > 出血"命令，在页面周围显示出血，如图 8-29 所示。

商场宣传单设计

图 8-28　　　　　　　　　　图 8-29

**STEP 2** 按 Ctrl+J 组合键，弹出"选项"对话框，选择"辅助线/水平"选项，在"文字框"中设置数值为 0，如图 8-30 所示，单击"添加"按钮，在页面中添加一条水平辅助线。用相同的方法在 285mm 处添加 1 条水平辅助线，单击"确定"按钮，效果如图 8-31 所示。

图 8-30 　　　　　　　　　　　　　　　　　图 8-31

**STEP 3** 按 Ctrl+J 组合键，弹出"选项"对话框，选择"辅助线/垂直"选项，在"文字框"中设置数值为 0，如图 8-32 所示，单击"添加"按钮，在页面中添加一条垂直辅助线。用相同的方法在 210mm 处添加 1 条垂直辅助线，单击"确定"按钮，效果如图 8-33 所示。

图 8-32 　　　　　　　　　　　　　　　　　图 8-33

**STEP 4** 按 Ctrl+I 组合键，弹出"导入"对话框，打开本书配套资源包中的"Ch08 > 效果 > 室内平面图设计 > 室内平面图底图"文件，单击"导入"按钮，在页面中单击导入图片，如图 8-34 所示。按 P 键，图片居中对齐页面，效果如图 8-35 所示。

图 8-34 　　　　　　　　　　图 8-35

### 8.1.5 制作标题文字

**STEP 1** 选择"文本"工具 ，在页面中输入需要的文字，选择"选择"工具 ，在属性栏中选取适当的字体并设置文字大小，效果如图 8-36 所示。按 Alt+Enter 组合键，弹出"对象属性"泊坞窗。单击"段落"按钮 ，弹出相应的泊坞窗，选项的设置如图 8-37 所示。按 Enter 键，文字效果如图 8-38 所示。

图 8-36　　　　　　　　　　　　图 8-37　　　　　　　　　　　　图 8-38

**STEP 2** 保持文字的选取状态。选择"对象 > 转换为曲线"命令，将文字转换为曲线，如图 8-39 所示。选择"形状"工具 ，用圈选的方法选取需要的节点，如图 8-40 所示，将其拖曳到适当的位置，效果如图 8-41 所示。

图 8-39　　　　　　　　　　　　图 8-40　　　　　　　　　　　　图 8-41

**STEP 3** 用圈选的方法再次选取需要的节点，如图 8-42 所示，将其拖曳到适当的位置，效果如图 8-43 所示。用相同的方法调整其他节点到适当的位置，效果如图 8-44 所示。

图 8-42　　　　　　　图 8-43　　　　　　　　　　图 8-44

**STEP 4** 选择"选择"工具 ，再次单击文字使其处于旋转状态，向上拖曳右侧中间的控制手柄到适当的位置，效果如图 8-45 所示。再次单击文字，使其处于选取状态，按数字键盘上的+键，复制文字，并拖曳到空白处，如图 8-46 所示。

**STEP 5** 按 F11 键，弹出"编辑填充"对话框，选择"渐变填充"按钮 ，将"起点"颜色的 CMYK 值设置为 0、17、100、0，"终点"颜色的 CMYK 值设置为 0、0、76、0，其他选项的设置如图 8-47 所示。单击"确定"按钮，填充图形，效果如图 8-48 所示。

图 8-45

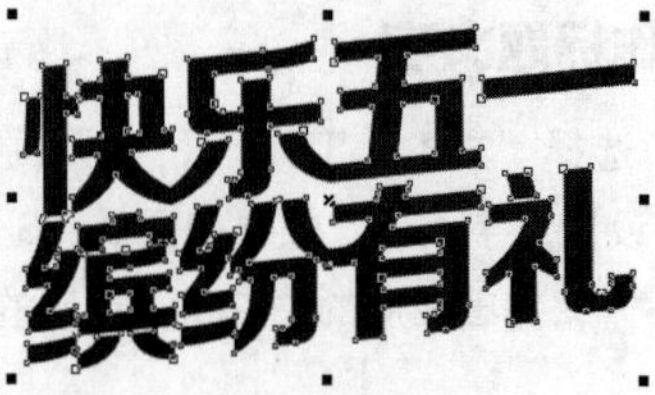

图 8-46

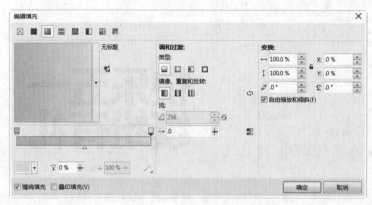

图 8-47

图 8-48

**STEP 6** 选择"选择"工具 ，选取原图。选择"阴影"工具 ，在文字上从上向下拖曳光标，在属性栏中进行设置，如图 8-49 所示。按 Enter 键，效果如图 8-50 所示。

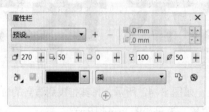

图 8-49

图 8-50

**STEP 7** 选择"选择"工具 ，将文字拖曳到适当的位置，效果如图 8-51 所示。选取渐变图形，将其拖曳到适当的位置，效果如图 8-52 所示。

图 8-51

图 8-52

**STEP 8** 选择"立体化"工具 ，在文字上从中心向左下角拖曳光标。在属性栏中单击"立体化颜色"按钮 ，在弹出的面板中选择"使用递减的颜色"按钮 ，将"从"选项颜色的 C、M、Y、K 值设置为 0、20、100、0，"到"选项颜色的 C、M、Y、K 值设置为 0、100、100、30，如图 8-53 所示。其他选项的设置如图 8-54 所示，效果如图 8-55 所示。

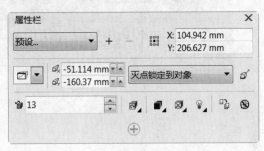

图 8-53            图 8-54            图 8-55

### 8.1.6 添加其他信息

**STEP 1** 选择"文本"工具 ，在页面中分别输入需要的文字，选择"选择"工具 ，在属性栏中分别选取适当的字体并设置文字大小，效果如图 8-56 所示。选择"文本"工具 ，分别选取需要的文字，在属性栏中设置适当的文字大小，效果如图 8-57 所示。

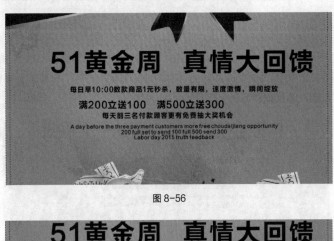

图 8-56

图 8-57

**STEP 2** 选择"选择"工具 ，选取上方的文字。在"对象属性"泊坞窗中选项的设置如图 8-58 所示。按 Enter 键，文字效果如图 8-59 所示。

**STEP 3** 选择"选择"工具 ，选取需要的文字。在"对象属性"泊坞窗中选项的设置如图 8-60 所示。按 Enter 键，文字效果如图 8-61 所示。

图 8-58                                    图 8-59

图 8-60                                    图 8-61

**STEP 4** 选择"选择"工具 ，选取需要的文字。设置填充颜色的 CMYK 值为 100、80、0、0，填充文字，效果如图 8-62 所示。按住 Shift 键的同时，选取需要的文字。设置填充颜色的 CMYK 值为 0、100、100、0，填充文字，效果如图 8-63 所示。

图 8-62

图 8-63

**STEP 5** 选择"2 点线"工具 ，按住 Shift 键的同时，在适当的位置绘制直线。设置轮廓线颜色的 CMYK 值为 0、100、100、30，填充轮廓线，效果如图 8-64 所示。

图 8-64

**STEP⬆6** 选择"选择"工具 ，选取直线。在"对象属性"泊坞窗中选项的设置如图 8-65 所示。按 Enter 键，直线效果如图 8-66 所示。

图 8-65

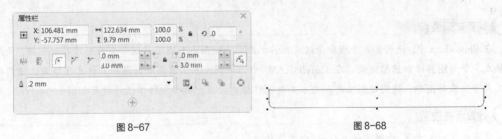

图 8-66

**STEP⬆7** 选择"矩形"工具 ，绘制一个矩形，在属性栏中的"圆角半径" 框中进行设置，如图 8-67 所示。按 Enter 键，效果如图 8-68 所示。

图 8-67                                                              图 8-68

**STEP⬆8** 选择"选择"工具 ，选取图形。按数字键盘上的+键，复制图形。按住 Shift 键的同时，将其垂直向上拖曳到适当的位置，效果如图 8-69 所示。将两个图形同时选取，单击属性栏中的"移除前面对象"按钮 ，生成新的对象，效果如图 8-70 所示。

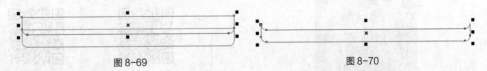

图 8-69                                                              图 8-70

**STEP⬆9** 选择"选择"工具 ，选取生成的对象，将其拖曳到适当的位置。设置填充颜色的 CMYK 值为 40、100、0、0，填充图形，并设置轮廓色为无，效果如图 8-71 所示。选择"文本"工具 ，在页面中输入需要的文字，选择"选择"工具 ，在属性栏中选取适当的字体并设置文字大小，填充文字为白色，效果如图 8-72 所示。

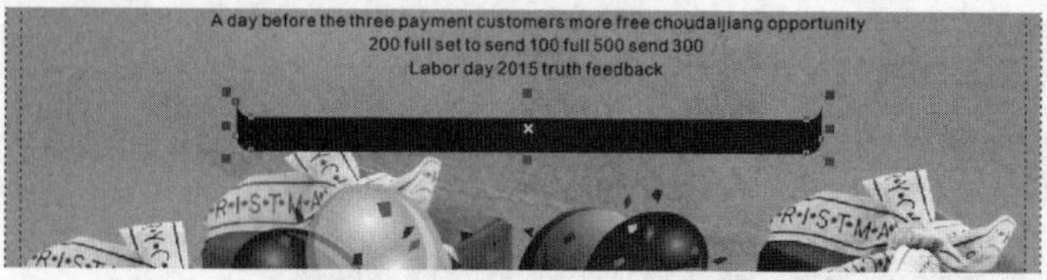

A day before the three payment customers more free choudaijiang opportunity
200 full set to send 100 full 500 send 300
Labor day 2015 truth feedback

图 8-71

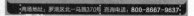

商场地址：罗湖区北一马路370号 咨询电话：800-8667-9637

图 8-72

**STEP 10** 选择"选择"工具 ，选取需要的文字。在"对象属性"泊坞窗中选项的设置如图 8-73 所示。按 Enter 键，文字效果如图 8-74 所示。商场宣传单设计完成，效果如图 8-75 所示。

图 8-73

图 8-74

图 8-75

# 8.2 课后习题——咖啡宣传单设计

## 习题知识要点

在 Photoshop 中，使用色彩平衡命令改变图片的颜色，使用添加图层蒙版命令为图片添加蒙版，使用图层样式命令为图片添加阴影效果。在 CorelDRAW 中，使用文本工具添加标题和其他文字效果，使用椭圆形工具绘制装饰图形，使用矩形工具和文本工具制作标志效果。咖啡宣传单设计效果如图 8-76 所示。

## 效果所在位置

资源包/Ch08/效果/咖啡宣传单设计/咖啡宣传单.cdr。

图 8-76

咖啡宣传单背景图

咖啡宣传单

Chapter

9

# 第 9 章
# 广告设计

广告以多样的形式出现在生活中，是城市商业发展的写照。广告一般通过电视、报纸和霓虹灯等媒介来发布。好的广告要强化视觉冲击力，抓住观众的视线。广告是重要的宣传媒体之一，具有实效性强、受众广泛、宣传力度大的特点。本章以汽车广告和空调广告设计为例，讲解广告的设计方法和制作技巧。

## 课堂学习目标

● 在 Photoshop 软件中制作背景图和产品图片

● 在 CorelDRAW 软件中添加广告语、标志及其他相关信息

# 9.1 汽车广告设计

## 案例学习目标

学习在 Photoshop 中使用图层面板、绘图工具、滤镜命令和画笔工具制作广告背景。在 CorelDRAW 中使用图形绘制工具和文字工具添加广告语和相关信息。

## 案例知识要点

在 Photoshop 中，使用渐变工具和图层面板制作背景效果，使用多边形套索工具、画笔工具和高斯模糊滤镜命令制作汽车投影，使用亮度/对比度调整层调整图像颜色。在 CorelDRAW 中，使用矩形工具、渐变工具和图框精确剪裁命令制作广告语底图，使用文本工具、对象属性面板和阴影工具制作广告语，使用导入命令添加礼品，使用文本工具和透明度工具制作标志文字。汽车产品广告设计效果如图 9-1 所示。

## 效果所在位置

资源包/Ch09/效果/汽车广告设计/汽车广告.cdr。

图 9-1

## Photoshop 应用

### 9.1.1 绘制背景底图

**STEP 1** 打开 Photoshop 软件，按 Ctrl + N 组合键，新建一个文件：宽度为 80cm，高度为 60cm，分辨率为 150 像素/英寸，颜色模式为 RGB，背景内容为白色。

**STEP 2** 新建图层并将其命名为"渐变"。选择"渐变"工具，单击属性栏中的"点按可编辑渐变"按钮，弹出"渐变编辑器"对话框，将渐变色设为从浅蓝色（其 R、G、B 的值分别为 197、234、253）到蓝色（其 R、G、B 的值分别为 128、224、255），如图 9-2 所示，单击"确定"按钮。单击属性栏中的"径向渐变"按钮，在图像窗口中从中心向上拖曳出渐变色，效果如图 9-3 所示。

**STEP 3** 在"图层"控制面板下方单击"添加图层蒙版"按钮，为图层添加蒙版，如图 9-4 所示。选择"渐变"工具，单击属性栏中的"点按可编辑渐变"按钮，弹出"渐变编辑

汽车广告底图

图 9-2

器"对话框,将渐变色设为从黑色到白色,单击"确定"按钮。在图像窗口中从下向上拖曳出渐变色,效果如图 9-5 所示。

图 9-3　　　　　　　　　　图 9-4　　　　　　　　　　图 9-5

### 9.1.2　制作图片融合

**STEP 1** 按 Ctrl + O 组合键,打开本书配套资源包中的"Ch09 > 素材 > 汽车广告设计 > 01"文件,选择"移动"工具，将图片拖曳到图像窗口中适当的位置,如图 9-6 所示。在"图层"控制面板中生成新的图层并将其命名为"天空"。

**STEP 2** 在"图层"控制面板上方,将"天空"图层的混合模式选项设为"明度",将"不透明度"选项设为 75%,如图 9-7 所示,图像窗口中的效果如图 9-8 所示。

图 9-6　　　　　　　　　　图 9-7　　　　　　　　　　图 9-8

**STEP 3** 按 Ctrl + O 组合键,打开本书配套资源包中的"Ch09 > 素材 > 汽车广告设计 > 02"文件,选择"移动"工具，将图片拖曳到图像窗口中适当的位置,如图 9-9 所示。在"图层"控制面板中生成新的图层并将其命名为"城市剪影"。

**STEP 4** 在"图层"控制面板上方,将"城市剪影"图层的"不透明度"选项设为 24%,如图 9-10 所示,图像窗口中的效果如图 9-11 所示。

图 9-9　　　　　　　　　　图 9-10　　　　　　　　　　图 9-11

**STEP 5** 按 Ctrl + O 组合键，打开本书配套资源包中的"Ch09 > 素材 > 汽车广告设计 > 03"文件，选择"移动"工具 ，将图片拖曳到图像窗口中适当的位置，如图 9-12 所示。在"图层"控制面板中生成新的图层并将其命名为"地面"。

**STEP 6** 在"图层"控制面板上方，将"地面"图层的"不透明度"选项设为 30%，如图 9-13 所示，图像窗口中的效果如图 9-14 所示。

图 9-12

图 9-13

图 9-14

**STEP 7** 在"图层"控制面板下方单击"添加图层蒙版"按钮 ，为图层添加蒙版，如图 9-15 所示。将前景色设为黑色。选择"画笔"工具 ，单击"画笔"选项右侧的按钮 ，在弹出的面板中选择需要的画笔形状，并设置适当的画笔大小，如图 9-16 所示。在图像窗口中擦除不需要的图像，效果如图 9-17 所示。

图 9-15

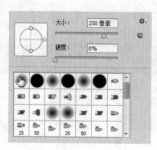
图 9-16

图 9-17

**STEP 8** 按 Ctrl + O 组合键，打开本书配套资源包中的"Ch09 > 素材 > 汽车广告设计 > 04"文件，选择"移动"工具 ，将图片拖曳到图像窗口中适当的位置，如图 9-18 所示。在"图层"控制面板中生成新的图层并将其命名为"潮流元素 1"。

**STEP 9** 在"图层"控制面板上方，将"潮流元素 1"图层的"填充"选项设为 50%，如图 9-19 所示，图像窗口中的效果如图 9-20 所示。

图 9-18

图 9-19

图 9-20

STEP 10 按 Ctrl + O 组合键，打开本书配套资源包中的"Ch09 > 素材 > 汽车广告设计 > 05"文件，选择"移动"工具 ，将图片拖曳到图像窗口中适当的位置，如图 9-21 所示。在"图层"控制面板中生成新的图层并将其命名为"潮流元素 2"。

STEP 11 在"图层"控制面板上方，将"潮流元素 2"图层的"填充"选项设为 63%，如图 9-22 所示，图像窗口中的效果如图 9-23 所示。

图 9-21　　　　　　　　　　图 9-22　　　　　　　　　　图 9-23

STEP 12 按 Ctrl + O 组合键，打开本书配套资源包中的"Ch09 > 素材 > 汽车广告设计 > 06"文件，选择"移动"工具 ，将图片拖曳到图像窗口中适当的位置，如图 9-24 所示。在"图层"控制面板中生成新的图层并将其命名为"潮流元素 3"。

STEP 13 在"图层"控制面板上方，将"潮流元素 3"图层的"填充"选项设为 50%，如图 9-25 所示，图像窗口中的效果如图 9-26 所示。按住 Shift 键的同时，单击"潮流元素 1"图层，将需要的图层同时选取，按 Ctrl+G 组合键群组图层，如图 9-27 所示。

图 9-24　　　　　　　　　　图 9-25

图 9-26　　　　　　　　　　图 9-27

### 9.1.3　添加产品图片并制作投影

STEP 1 按 Ctrl + O 组合键，打开本书配套资源包中的"Ch09 > 素材 > 汽车广告设计 > 07"

文件，选择"移动"工具 ，将图片拖曳到图像窗口中适当的位置，如图 9-28 所示。在"图层"控制面板中生成新的图层并将其命名为"汽车"。新建图层并将其命名为"阴影"。选择"多边形套索"工具，在适当的位置绘制多边形选区，如图 9-29 所示。

图 9-28                     图 9-29

**STEP 2** 填充为黑色，并取消选区，效果如图 9-30 所示。在"图层"控制面板下方单击"添加图层蒙版"按钮，为图层添加蒙版，如图 9-31 所示。选择"画笔"工具，在属性栏中将"不透明度"选项设为 24%，"流量"选项设为 1%，在图像窗口中擦除不需要的图像，效果如图 9-32 所示。

图 9-30                图 9-31                图 9-32

**STEP 3** 选择"滤镜 > 模糊 > 高斯模糊"命令，在弹出的对话框中进行设置，如图 9-33 所示，单击"确定"按钮，效果如图 9-34 所示。

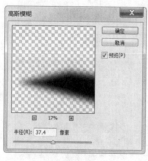

图 9-33                     图 9-34

**STEP 4** 在"图层"控制面板上方，将"阴影"图层的"填充"选项设为 85%，如图 9-35 所示，图像窗口中的效果如图 9-36 所示。在"图层"控制面板中，将"阴影"图层拖曳到"汽车"图层的下方，图像效果如图 9-37 所示。

**STEP 5** 单击"图层"控制面板下方的"创建新的填充或调整图层"按钮，在弹出的菜单中选择"亮度/对比度"命令，在"图层"控制面板中生成"亮度/对比度 1"图层，同时弹出相应的调整面板，选项的设置如图 9-38 所示。按 Enter 键，效果如图 9-39 所示。

图 9-35　　　　　　　　　　图 9-36　　　　　　　　　　图 9-37

图 9-38　　　　　　　　　　图 9-39

**STEP 6** 汽车广告底图制作完成。按 Ctrl+Shift+E 组合键，合并可见图层。按 Ctrl+S 组合键，弹出 "存储为" 对话框，将其命名为 "汽车广告底图"，并保存为 TIFF 格式。单击 "保存" 按钮，弹出 "TIFF 选项" 对话框，单击 "确定" 按钮，将图像保存。

## CorelDRAW 应用

### 9.1.4　绘制广告语底图

**STEP 1** 打开 CorelDRAW 软件，按 Ctrl+N 组合键，新建一个页面。在属性栏的 "页面度量" 选项中分别设置宽度为 800mm，高度为 600mm，按 Enter 键，页面显示为设置的大小。

**STEP 2** 按 Ctrl+I 组合键，弹出 "导入" 对话框，打开本书配套资源包中的 "Ch09 > 效果 > 汽车广告设计 > 汽车广告底图" 文件，单击 "导入" 按钮，在页面中单击导入图片，如图 9-40 所示。按 P 键，图片居中对齐页面，效果如图 9-41 所示。

汽车广告设计

图 9-40　　　　　　　　　　图 9-41

**STEP 3** 选择 "矩形" 工具 ▫，绘制一个矩形，填充为黑色，效果如图 9-42 所示。再次单击图形，使其处于旋转状态，向右拖曳上方中间的控制手柄到适当的位置，效果如图 9-43 所示。

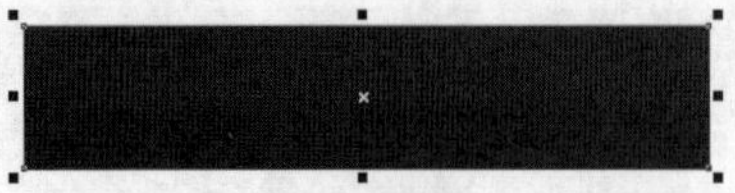

图 9-42

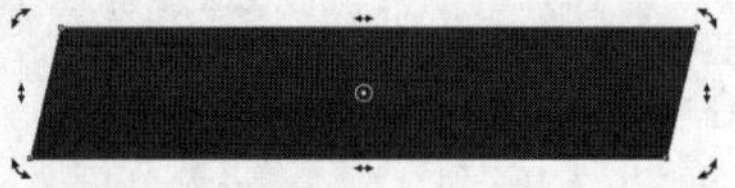

图 9-43

**STEP 4** 用相同的方法绘制其他倾斜矩形，效果如图 9-44 所示。再绘制一个倾斜的矩形，设置填充颜色的 CMYK 值为 0、20、60、20，填充图形，效果如图 9-45 所示。

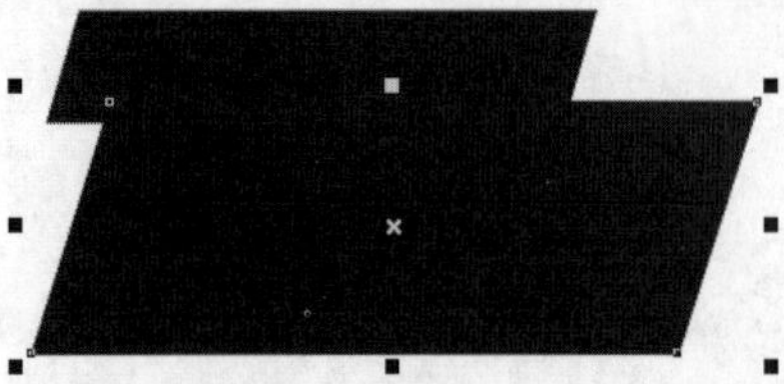

图 9-44

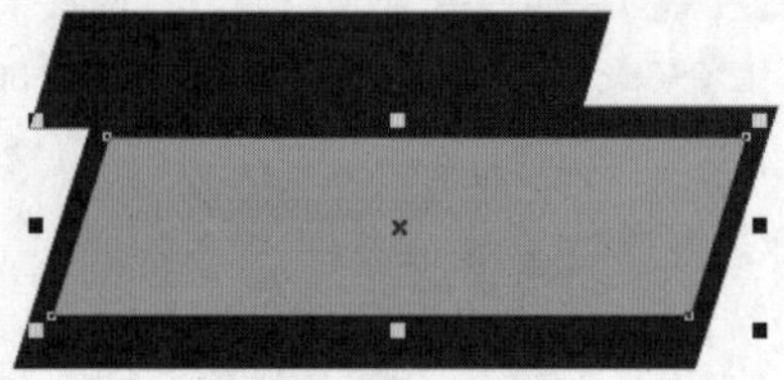

图 9-45

**STEP 5** 选择“矩形”工具，绘制一个矩形，如图 9-46 所示。按 F11 键，弹出“编辑填充”对话框，选择“渐变填充”按钮，将“起点”颜色的 CMYK 值设置为 0、20、60、84，“终点”颜色的 CMYK 值设置为 0、20、60、20，将下方三角图标的“节点位置”设为 28%，其他选项的设置如图 9-47 所示。单击“确定”按钮，填充图形，效果如图 9-48 所示。

**STEP 6** 选择“选择”工具，选取渐变图形。选择“对象 > 图框精确剪裁 > 置于图文框内部”命令，鼠标光标变为黑色箭头形状，在倾斜的矩形上单击鼠标，将渐变图形置入倾斜的矩形中，效果如图 9-49 所示。

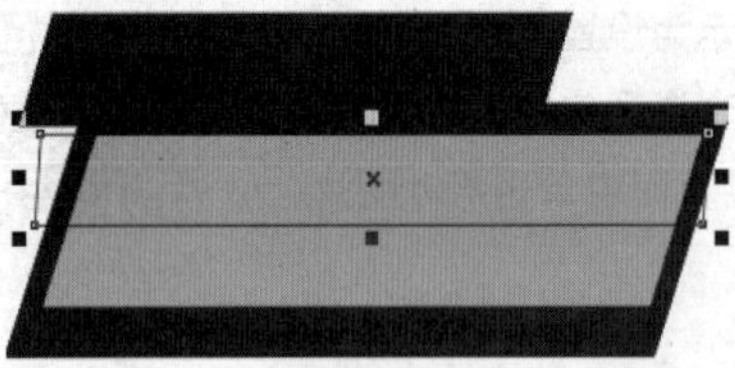

图 9-46

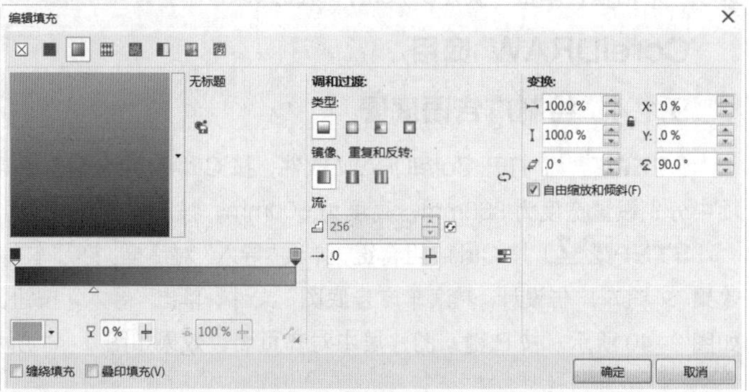


图 9-47

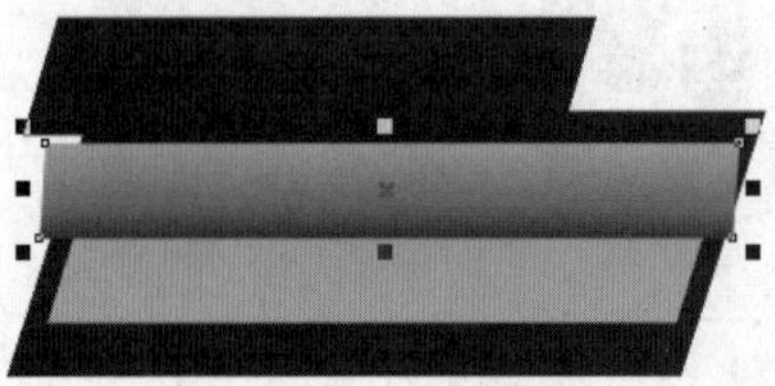

图 9-48

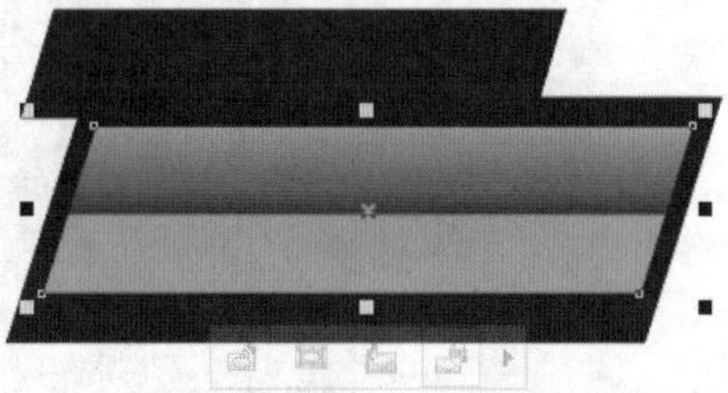

图 9-49

### 9.1.5　添加并制作广告语

**STEP 1**　选择"文本"工具 字，在图形上分别输入需要的文字，选择"选择"工具 ⬚，在属性栏中分别选取适当的字体并设置文字大小，效果如图 9-50 所示。分别选取需要的文字，设置文字颜色的 CMYK 值为 0、100、100、0 和白色，填充文字，效果如图 9-51 所示。

图 9-50　　　　　　　　　　　　　　　图 9-51

**STEP 2**　选取需要的文字。按 Alt+Enter 组合键，弹出"对象属性"泊坞窗，单击"段落"按钮 ▥，弹出相应的泊坞窗，选项的设置如图 9-52 所示。按 Enter 键，文字效果如图 9-53 所示。

图 9-52　　　　　　　　　　　　　　　图 9-53

**STEP 3**　选择"选择"工具 ⬚，选取需要的文字。选择"阴影"工具 ▦，在文字上从上向下拖曳光标，在属性栏中进行设置，如图 9-54 所示。按 Enter 键，效果如图 9-55 所示。

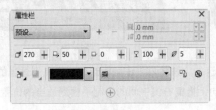

图 9-54　　　　　　　　　　　　　　　图 9-55

**STEP 4**　选择"选择"工具 ⬚，选取需要的文字。选择"阴影"工具 ▦，在文字上从上向下拖曳光标，在属性栏中进行设置，如图 9-56 所示。按 Enter 键，效果如图 9-57 所示。

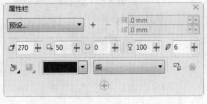

图 9-56　　　　　　　　　　　　　　　图 9-57

**STEP 5** 选择"选择"工具 ▶，按住 Shift 键的同时，将需要的文字同时选取，如图 9-58 所示。再次单击文字，使其处于旋转状态，向右拖曳上方中间的控制手柄到适当的位置，向上拖曳上方中间的控制手柄到适当的位置，向下拖曳下方中间的控制手柄到适当的位置，效果如图 9-59 所示。

图 9-58

图 9-59

**STEP 6** 选择"文本"工具 字，在图形上输入需要的文字，选择"选择"工具 ▶，在属性栏中选取适当的字体并设置文字大小，填充为白色，效果如图 9-60 所示。向左拖曳右侧中间的控制手柄到适当的位置，效果如图 9-61 所示。

图 9-60

图 9-61

**STEP 7** 保持文字的选取状态，再次单击文字使其处于旋转状态，向右拖曳上方中间的控制手柄到适当的位置，效果如图 9-62 所示。用相同的方法输入下方的文字，效果如图 9-63 所示。

图 9-62

图 9-63

**STEP 8** 选择"选择"工具 ▶，用圈选的方法将广告语同时选取，拖曳到适当的位置，效果如图 9-64 所示。再次单击图形使其处于旋转状态，向上拖曳右侧中间的控制手柄到适当的位置，效果如图 9-65 所示。

图 9-64

图 9-65

### 9.1.6　添加其他相关信息

**STEP 1** 选择"矩形"工具 □，绘制一个矩形，在属性栏中的"圆角半径" 框中进行设置，如图 9-66 所示，按 Enter 键。填充为黑色，并去除图形的轮廓线，效果如图 9-67 所示。

图 9-66　　　　　　　　　　　　　　　　　　　图 9-67

**STEP 2** 选择"矩形"工具 □，绘制一个矩形，在属性栏中的"圆角半径" 框中进行设置，如图 9-68 所示，按 Enter 键。填充为 80%黑色，并去除图形的轮廓线，效果如图 9-69 所示。

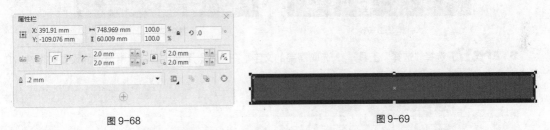

图 9-68　　　　　　　　　　　　　　　　　　　图 9-69

**STEP 3** 选择"文本"工具 字，在图形上输入需要的文字，选择"选择"工具 ，在属性栏中选取适当的字体并设置文字大小，效果如图 9-70 所示。设置文字颜色的 CMYK 值为 0、20、100、0，填充文字，效果如图 9-71 所示。

图 9-70　　　　　　　　　　　　　　　　　　　图 9-71

**STEP 4** 保持文字的选取状态。在"对象属性"泊坞窗中选项的设置如图 9-72 所示。按 Enter 键，文字效果如图 9-73 所示。

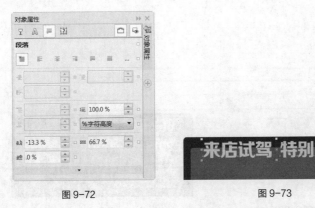

图 9-72　　　　　　　　　　　　　　　　　　　图 9-73

**STEP 5** 选择"选择"工具 ，选取文字。按数字键盘上的+键，复制文字。将文字填充为黑色，并拖曳到适当的位置，效果如图 9-74 所示。按 Ctrl+PageDown 组合键，后移文字，效果如图 9-75 所示。

图 9-74

图 9-75

**STEP 6** 选择"文本"工具 字，在图形上分别输入需要的文字，选择"选择"工具 ，在属性栏中分别选取适当的字体并设置文字大小，填充为白色，效果如图 9-76 所示。选择"文本"工具 字，分别选取需要的文字，在属性栏中设置适当的文字大小，效果如图 9-77 所示。

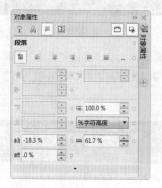
图 9-76

图 9-77

**STEP 7** 选择"选择"工具 ，选取需要的文字。在"对象属性"泊坞窗中选项的设置如图 9-78 所示。按 Enter 键，文字效果如图 9-79 所示。

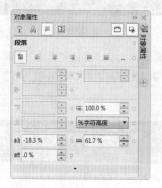
图 9-78

图 9-79

**STEP 8** 选取需要的文字，在"对象属性"泊坞窗中选项的设置如图 9-80 所示。按 Enter 键，文字效果如图 9-81 所示。

图 9-80

图 9-81

**STEP　9** 选取需要的文字，在"对象属性"泊坞窗中选项的设置如图 9-82 所示。按 Enter 键，文字效果如图 9-83 所示。

**STEP　10** 选择"星形"工具 ，在属性栏中的"点数或边数" 框中设置数值为 5，"锐度" 框中设置数值为 53，在适当的位置绘制星形。设置填充颜色的 CMYK 值为 0、100、100、0，填充图形，并去除图形的轮廓线，效果如图 9-84 所示。

图 9-82　　　　　　　图 9-83　　　　　　　　图 9-84

**STEP　11** 选择"选择"工具 ，选取星形。按数字键盘上的+键，复制星形，并将其拖曳到适当的位置，效果如图 9-85 所示。用相同的方法复制星形，并将其拖曳到适当的位置，效果如图 9-86 所示。

图 9-85　　　　　　　　　图 9-86

**STEP　12** 选择"2 点线"工具 ，按住 Shift 键的同时，在适当的位置拖曳鼠标绘制直线。在属性栏中的"轮廓宽度" 框中设置数值为 1mm，填充轮廓线颜色为白色，效果如图 9-87 所示。选择"矩形"工具 ，绘制一个矩形，将其填充为黑色，并去除图形的轮廓线，效果如图 9-88 所示。

图 9-87　　　　　　　　　　　　图 9-88

**STEP　13** 选择"选择"工具 ，选取矩形。按数字键盘上的+键，复制矩形。向上拖曳下方中间的控制手柄到适当的位置，填充图形为 80%黑色，效果如图 9-89 所示。选择"文本"工具 ，在图形上输入需要的文字，选择"选择"工具 ，在属性栏中选取适当的字体并设置文字大小。设置文字颜色的 CMYK 值为 0、20、100、0，填充文字，效果如图 9-90 所示。

**STEP　14** 选取需要的文字，在"对象属性"泊坞窗中选项的设置如图 9-91 所示。按 Enter 键，文字效果如图 9-92 所示。

图 9-89

图 9-90

图 9-91

图 9-92

**STEP 15** 选择"文本"工具 字，在图形上分别输入需要的文字，选择"选择"工具 ，在属性栏中分别选取适当的字体并设置文字大小，填充为白色，效果如图 9-93 所示。选择"文本"工具 字，选取需要的文字，在属性栏中设置适当的文字大小，效果如图 9-94 所示。

图 9-93

图 9-94

**STEP 16** 选择"选择"工具 ，选取需要的文字。在"对象属性"泊坞窗中选项的设置如图 9-95 所示。按 Enter 键，文字效果如图 9-96 所示。

图 9-95

图 9-96

**STEP 17** 选取需要的文字。在"对象属性"泊坞窗中选项的设置如图 9-97 所示。按 Enter 键，文字效果如图 9–98 所示。

图 9–97

图 9–98

**STEP 18** 选择"矩形"工具 □，绘制一个矩形，在属性栏中的"圆角半径" 框 中进行设置，如图 9–99 所示，按 Enter 键。将该矩形填充为 20% 黑色，并去除图形的轮廓线，效果如图 9–100 所示。

图 9–99

图 9–100

**STEP 19** 选择"选择"工具 ，选取圆角矩形。按数字键盘上的+键，复制矩形，将其拖曳到 适当的位置，并填充为黑色，效果如图 9–101 所示。

**STEP 20** 选择"文本"工具 字，在图形上输入需要的文字，选择"选择"工具 ，在属性栏中 选取适当的字体并设置文字大小。设置文字颜色的 CMYK 值为 0、20、100、0，填充文字，效果如图 9–102 所示。

图 9–101

图 9–102

**STEP 21** 选择"文本"工具 字，选取需要的文字，在属性栏中设置适当的文字大小，效果如图 9–103 所示。选择"矩形"工具 □，绘制一个矩形，在属性栏中的"圆角半径" 框中进行 设置，如图 9–104 所示，按 Enter 键。填充轮廓线为白色，效果如图 9–105 所示。

**STEP 22** 选择"选择"工具 ，选取圆角矩形。按数字键盘上的+键，复制矩形，并将其拖曳 到适当的位置，效果如图 9–106 所示。用相同的方法再次复制需要的圆角矩形，效果如图 9–107 所示。用 上述方法制作其他图形和文字，效果如图 9–108 所示。

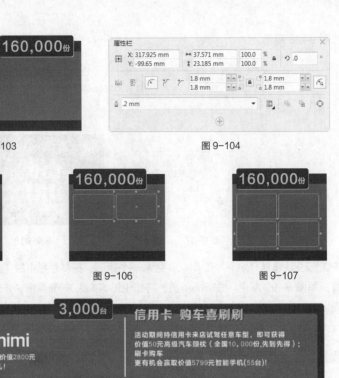

图 9-103　　　　　　　　　　　　　图 9-104

图 9-105　　　　　　　图 9-106　　　　　　　图 9-107

图 9-108

STEP 23 选择"选择"工具，用圈选的方法将所有图形同时选取，按 Ctrl+G 组合键群组图形，如图 9-109 所示。将其拖曳到适当的位置，效果如图 9-110 所示。再次单击图形使其处于旋转状态，向右拖曳上方中间的控制手柄到适当的位置，效果如图 9-111 所示。

图 9-109

图 9-110　　　　　　　　　　　　图 9-111

STEP 24 按 Ctrl+I 组合键，弹出"导入"对话框，打开本书配套资源包中的"Ch09 > 素材 > 汽车广告设计 > 08、09、10、11、12"文件，单击"导入"按钮，在页面中多次单击导入图片，选择"选择"工具，分别将其拖曳到适当的位置并调整其大小，效果如图 9-112 所示。

**STEP 25** 选择"选择"工具 ，选取需要的图片。按数字键盘上的+键，复制图片，并将其拖曳到适当的位置，效果如图 9-113 所示。

图 9-112　　　　　　　　　　　　　　　图 9-113

### 9.1.7　制作标志文字

**STEP 1** 选择"文本"工具 ，在页面上输入需要的文字，选择"选择"工具 ，在属性栏中选取适当的字体并设置文字大小，填充文字为白色，效果如图 9-114 所示。保持文字的选取状态。在"对象属性"泊坞窗中选项的设置如图 9-115 所示。按 Enter 键，文字效果如图 9-116 所示。

图 9-114　　　　　　　　　　　图 9-115　　　　　　　　　　　图 9-116

**STEP 2** 选择"选择"工具 ，按数字键盘上的+键，复制文字，并将其拖曳到适当的位置，效果如图 9-117 所示。单击属性栏中的"垂直镜像"按钮 ，垂直翻转文字，效果如图 9-118 所示。选择"透明度"工具 ，在文字上从下向上拖曳光标添加透明效果，如图 9-119 所示。汽车广告制作完成，效果如图 9-120 所示。

图 9-117　　　　　　　　　　　图 9-118

图 9-119　　　　　　　　　　　图 9-120

## 9.2 课后习题——空调广告设计

### 习题知识要点

　　在 Photoshop 中，使用椭圆形工具绘制圆形，使用添加图层样式命令为圆形添加投影和描边。在 CorelDRAW 中，使用矩形工具绘制文字底图，使用文本工具添加标题文字，使用星形工具绘制装饰图形，使用文本工具添加宣传文字。空调广告设计效果如图 9-121 所示。

### 效果所在位置

　　资源包/Ch09/效果/空调广告设计/空调广告.cdr。

图 9-121

空调广告背景图

空调广告

Photoshop CC

CorelDRAW X7

Chapter

**10**

# 第 10 章
# 海报设计

海报是广告艺术中的一种大众化载体，又称为"招贴"或"宣传画"。由于海报具有尺寸大、远视性强、艺术性高的特点，因此在宣传媒介中占有重要的位置。本章以夏日派对海报和洗衣机海报设计为例，讲解海报的设计方法和制作技巧。

**课堂学习目标**

● 在 Photoshop 软件中制作海报背景图

● 在 CorelDRAW 软件中添加宣传语及其他相关信息

# 10.1 夏日派对海报设计

## 案例学习目标

学习在 Photoshop 中使用图层面板和画笔工具制作夏日派对海报背景图。在 CorelDRAW 中使用文本工具、对象属性泊坞窗和交互式工具添加标题及相关信息。

## 案例知识要点

在 Photoshop 中，使用调整图层调整背景图片的颜色，使用混合模式、不透明度、蒙版和画笔工具制作图片的合成效果。在 CorelDRAW 中，使用文本工具和贝塞尔工具添加标题和相关信息，使用对象属性面板调整文字字距和行距，使用阴影工具为文字添加阴影。夏日派对海报设计效果如图 10-1 所示。

## 效果所在位置

资源包/Ch10/效果/夏日派对海报设计/夏日派对海报.cdr。

图 10-1

## Photoshop 应用

### 10.1.1 调整背景底图的颜色

**STEP 1** 打开 Photoshop 软件，按 Ctrl + N 组合键，新建一个文件：宽度为 60cm，高度为 80cm，分辨率为 72 像素/英寸，颜色模式为 RGB，背景内容为白色。

**STEP 2** 按 Ctrl + O 组合键，打开本书配套资源包中的"Ch10 > 素材 > 夏日派对海报设计 > 01"文件，选择"移动"工具 ，将图片拖曳到图像窗口中适当的位置，如图 10-2 所示。在"图层"控制面板中生成新的图层并将其命名为"图片"。

**STEP 3** 单击"图层"控制面板下方的"创建新的填充或调整图层"按钮 ，在弹出的菜单中选择"照片滤镜"命令，在"图层"控制面板中生成"照片滤镜 1"图层，同时弹出相应的调整面板，选项的设置如图 10-3 所示。按 Enter 键，效果如图 10-4 所示。

夏日派对海报底图

图 10-2

图 10-3                        图 10-4

**STEP 4** 单击"图层"控制面板下方的"创建新的填充或调整图层"按钮 ，在弹出的菜单中选择"渐变映射"命令，在"图层"控制面板中生成"渐变映射 1"图层，同时弹出相应的调整面板，单击"点按可编辑渐变"按钮 ，弹出"渐变编辑器"对话，选择"紫，橙渐变"预设，如图 10-5 所示。单击"确定"按钮，效果如图 10-6 所示。

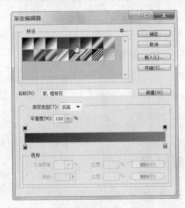

图 10-5                        图 10-6

**STEP 5** 在"图层"控制面板上方，将"渐变映射 1"图层的混合模式选项设为"柔光"，"不透明度"选项设为 76%，如图 10-7 所示，图像窗口中的效果如图 10-8 所示。

图 10-7                        图 10-8

## 10.1.2　制作图片的融合效果

**STEP 1** 按 Ctrl+O 组合键，打开本书配套资源包中的"Ch10 > 素材 > 夏日派对海报设计 > 02"文件，选择"移动"工具 ，将图片拖曳到图像窗口中适当的位置，如图 10-9 所示。在"图层"控制面板中生成新的图层并将其命名为"纸张"。

**STEP⤵2** 在"图层"控制面板上方，将"纸张"图层的混合模式选项设为"变暗"，"不透明度"选项设为 90%，如图 10-10 所示，图像窗口中的效果如图 10-11 所示。

图 10-9　　　　　　　　　图 10-10　　　　　　　　　图 10-11

**STEP⤵3** 在"图层"控制面板下方单击"添加图层蒙版"按钮 ▣，为图层添加蒙版，如图 10-12 所示。将前景色设为黑色。选择"画笔"工具 ✐，单击"画笔"选项右侧的按钮 ⌄，在弹出的面板中选择需要的画笔形状，并设置适当的画笔大小，如图 10-13 所示。在属性栏中将"不透明度"选项设为 24%，"流量"选项设为 1%，在图像窗口中擦除不需要的图像，效果如图 10-14 所示。

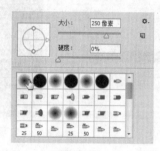

图 10-12　　　　　　　　　图 10-13　　　　　　　　　图 10-14

**STEP⤵4** 按 Ctrl+O 组合键，打开本书配套资源包中的"Ch10 > 素材 > 夏日派对海报设计 > 03"文件，选择"移动"工具 ✛，将图片拖曳到图像窗口中适当的位置，如图 10-15 所示。在"图层"控制面板中生成新的图层并将其命名为"沙滩"。

**STEP⤵5** 在"图层"控制面板上方，将"沙滩"图层的混合模式选项设为"排除"，如图 10-16 所示，图像窗口中的效果如图 10-17 所示。

图 10-15　　　　　　　　　图 10-16　　　　　　　　　图 10-17

### 10.1.3 添加并编辑装饰图形

**STEP 1** 按 Ctrl + O 组合键，打开本书配套资源包中的"Ch10 > 素材 > 夏日派对海报设计 > 04"文件，选择"移动"工具，将图片拖曳到图像窗口中适当的位置，如图 10-18 所示。在"图层"控制面板中生成新的图层并将其命名为"装饰"。

**STEP 2** 在"图层"控制面板上方，将"装饰"图层的混合模式选项设为"点光"，如图 10-19 所示，图像窗口中的效果如图 10-20 所示。

图 10-18        图 10-19        图 10-20

**STEP 3** 按 Ctrl + O 组合键，打开本书配套资源包中的"Ch10 > 素材 > 夏日派对海报设计 > 05"文件，选择"移动"工具，将图片拖曳到图像窗口中适当的位置，如图 10-21 所示。在"图层"控制面板中生成新的图层并将其命名为"色彩"。

**STEP 4** 在"图层"控制面板上方，将"色彩"图层的混合模式选项设为"划分"，如图 10-22 所示，图像窗口中的效果如图 10-23 所示。按 Ctrl + O 组合键，打开本书配套资源包中的"Ch10 > 素材 > 夏日派对海报设计 > 06"文件，选择"移动"工具，将图片拖曳到图像窗口中适当的位置，如图 10-24 所示。在"图层"控制面板中生成新的图层并将其命名为"杯子"。

图 10-21        图 10-22        图 10-23        图 10-24

**STEP 5** 夏日派对海报底图制作完成。按 Ctrl+Shift+E 组合键，合并可见图层。按 Ctrl+S 组合键，弹出"存储为"对话框，将其命名为"夏日派对海报底图"，并保存为 TIFF 格式。单击"保存"按钮，弹出"TIFF 选项"对话框，单击"确定"按钮，将图像保存。

## CorelDRAW 应用

### 10.1.4 制作宣传语

**STEP 1** 打开 CorelDRAW 软件，按 Ctrl+N 组合键，新建一个页面。在属性栏的"页面度量"选项中分别设置宽度为 600mm，高度为 800mm，按 Enter 键，页面显示为设置的大小。

**STEP 2** 按 Ctrl+I 组合键，弹出"导入"对话框，打开本书配套资源包中的"Ch10 > 效果 > 夏日派对海报设计 > 夏日派对海报底图"文件，单击"导入"按钮，在页面中单击导入图片，如图 10-25 所示。按 P 键，图片居中对齐页面，效果如图 10-26 所示。

夏日派对海报设计

图 10-25　　　　　　　图 10-26

**STEP 3** 选择"文本"工具 ，输入需要的文字，选择"选择"工具 ，在属性栏中选取适当的字体并设置文字大小，效果如图 10-27 所示。按 Alt+Enter 组合键，弹出"对象属性"泊坞窗，单击"段落"按钮 ，弹出相应的泊坞窗，选项的设置如图 10-28 所示。按 Enter 键，文字效果如图 10-29 所示。按 Ctrl+Q 组合键，将文字转换为曲线，效果如图 10-30 所示。

图 10-27　　　　　　　　　　图 10-28

图 10-29　　　　　　　　　图 10-30

**STEP 4** 保持文字的选取状态。按 F11 键，弹出"编辑填充"对话框，选择"渐变填充"按钮 ，将"起点"颜色的 CMYK 值设置为 14、13、55、0，"终点"颜色的 CMYK 值设置为 0、0、0、0，其他选项的设置如图 10-31 所示，单击"确定"按钮。填充文字，效果如图 10-32 所示。

**STEP 5** 选择"贝塞尔"工具 ，在适当的位置绘制图形，如图 10-33 所示。按 F11 键，弹出"编辑填充"对话框，选择"渐变填充"按钮 ，在"位置"选项中分别添加并输入 0、58、100 几个位置点，分别设置几个位置点颜色的 CMYK 值为 0（75、81、100、66）、58（71、73、100、52）、100（55、47、100、0），其他选项的设置如图 10-34 所示，单击"确定"按钮。填充图形，并去除图形的轮廓线，效果如图 10-35 所示。按 Ctrl+PageDown 组合键，后移图形，如图 10-36 所示。

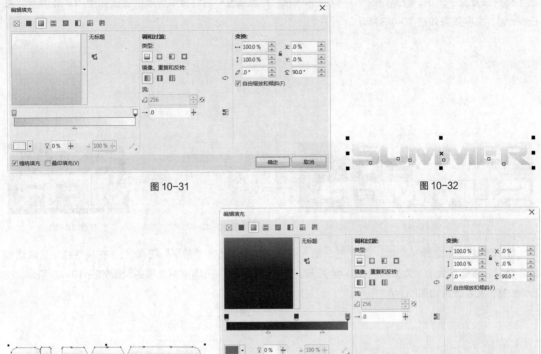

图 10-31　　　　　　　　　　　图 10-32

图 10-33　　　　　　　　　　　图 10-34

图 10 35　　　　　　　　　　　图 10 36

**STEP 6** 选择"贝塞尔"工具 ，在适当的位置绘制图形，如图 10-37 所示。填充为黑色，并去除图形的轮廓线，效果如图 10-38 所示。连续按 Ctrl+PageDown 组合键，后移图形，如图 10-39 所示。选择"选择"工具 ，将所有图形同时选取，按 Ctrl+G 组合键群组图形。将其拖曳到适当的位置，效果如图 10-40 所示。

图 10-37　　　　　　　　　　　图 10-38

图 10-39　　　　　　　　　　　图 10-40

**STEP 7** 选择"文本"工具 字，输入需要的文字，选择"选择"工具 ，在属性栏中选取适当的字体并设置文字大小，效果如图 10-41 所示。在"对象属性"泊坞窗中选项的设置如图 10-42 所示。按 Enter 键，文字效果如图 10-43 所示。

图 10-41      图 10-42      图 10-43

**STEP 8** 选择"文本"工具 字，输入需要的文字，选择"选择"工具 ，在属性栏中选取适当的字体并设置文字大小，效果如图 10-44 所示。在"对象属性"泊坞窗中选项的设置如图 10-45 所示。按 Enter 键，文字效果如图 10-46 所示。

图 10-44      图 10-45      图 10-46

**STEP 9** 选择"矩形"工具 ，在适当的位置绘制矩形，填充为黑色，并去除图形的轮廓线，效果如图 10-47 所示。连续按 Ctrl+PageDown 组合键，后移图形，如图 10-48 所示。

图 10-47                  图 10-48

**STEP 10** 选择"矩形"工具 ，在适当的位置绘制矩形，填充为黑色，并去除图形的轮廓线，效果如图 10-49 所示。用相同的方法再次绘制矩形，效果如图 10-50 所示。

**STEP 11** 选择"文本"工具 字，在图形上输入需要的文字，选择"选择"工具 ，在属性栏中选取适当的字体并设置文字大小。设置文字颜色的 CMYK 值为 23、23、42、0，填充文字，效果如图 10-51 所示。

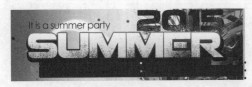

It is a summer party
2015
SUMMER

图 10-49

It is a summer party
2015
SUMMER

图 10-50

LOREM IPSUM DOLOR SIT AMET

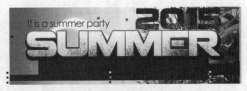

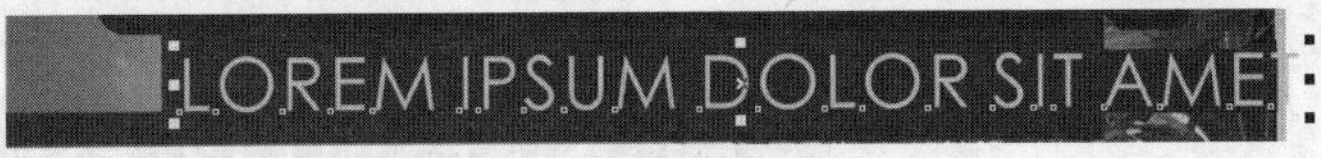

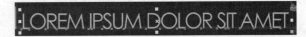

图 10-51

**STEP 12** 保持文字的选取状态。在“对象属性”泊坞窗中选项的设置如图 10-52 所示。按 Enter 键，文字效果如图 10-53 所示。

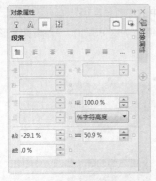

对象属性
段落
100.0 %
%字符高度
-29.1 %
50.9 %
.0 %
对象属性

LOREM IPSUM DOLOR SIT AMET

图 10-52　　图 10-53

**STEP 13** 按 Ctrl+I 组合键，弹出“导入”对话框，打开本书配套资源包中的“Ch10 > 素材 > 夏日派对海报设计 > 07”文件，单击“导入”按钮，在页面中单击导入图片。选择“选择”工具，将其拖曳到适当的位置，效果如图 10-54 所示。选择“矩形”工具，在适当的位置绘制矩形，填充为黑色，并去除图形的轮廓线，效果如图 10-55 所示。

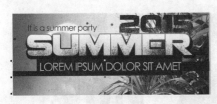

It is a summer party
2015
SUMMER
LOREM IPSUM DOLOR SIT AMET

图 10-54

It is a summer party
2015
SUMMER
LOREM IPSUM DOLOR SIT AMET

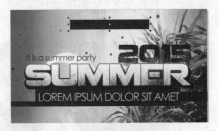

图 10-55

**STEP 14** 选择“文本”工具，在矩形上输入需要的文字，选择“选择”工具，在属性栏中选取适当的字体并设置文字大小，填充为白色，效果如图 10-56 所示。在“对象属性”泊坞窗中选项的设置如图 10-57 所示。按 Enter 键，文字效果如图 10-58 所示。

RETINALSIN PRE

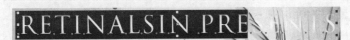

图 10-56

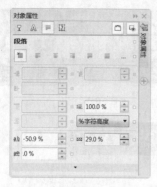

图 10-57

图 10-58

### 10.1.5　添加时间信息

**STEP 1** 选择"矩形"工具 □，绘制一个矩形，在属性栏中的"圆角半径"  框中进行设置，如图 10-59 所示，按 Enter 键。设置图形颜色的 CMYK 值为 74、88、0、0，填充图形，并去除图形的轮廓线，效果如图 10-60 所示。

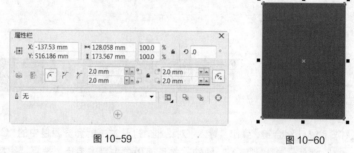

图 10-59

图 10-60

**STEP 2** 选择"文本"工具 字，在矩形上分别输入需要的文字，选择"选择"工具 ▹，在属性栏中分别选取适当的字体并设置文字大小，效果如图 10-61 所示。选取需要的文字，设置填充颜色的 CMYK 值为 0、20、100、0，填充文字，效果如图 10-62 所示。用相同的方法选取需要的文字，填充适当的颜色，效果如图 10-63 所示。

图 10-61

图 10-62

图 10-63

**STEP 3** 选择"选择"工具 ▹，按住 Shift 键的同时，将需要的文字同时选取。在"对象属性"泊坞窗中选项的设置如图 10-64 所示。按 Enter 键，文字效果如图 10-65 所示。

图 10-64　　　　　　　　　　　　　　图 10-65

**STEP 4** 选择"选择"工具 ，选取需要的文字。选择"阴影"工具 ，在文字上从上向下拖曳光标，在属性栏中进行设置，如图 10-66 所示。按 Enter 键，效果如图 10-67 所示。用相同的方法为其他文字添加阴影效果，如图 10-68 所示。

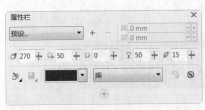

图 10-66　　　　　　　　　图 10-67　　　　　　　　图 10-68

**STEP 5** 选择"选择"工具 ，将所有图形和文字同时选取，按 Ctrl+G 组合键群组图形。拖曳到适当的位置，效果如图 10-69 所示。连续按 Ctrl+PageDown 组合键，后移群组图形，如图 10-70 所示。

图 10-69　　　　　　　　　　　　　　图 10-70

## 10.1.6　添加其他相关信息

**STEP 1** 选择"文本"工具 ，在适当的位置分别输入需要的文字，选择"选择"工具 ，在属性栏中分别选取适当的字体并设置文字大小，效果如图 10-71 所示。

图 10-71

**STEP 2** 按 F11 键，弹出"编辑填充"对话框，选择"渐变填充"按钮 ■，在"位置"选项中分别添加并输入 0、12、23、51、73、88、100 几个位置点，分别设置几个位置点颜色的 CMYK 值为 0（0、0、0、20）、12（0、0、0、0）、23（0、0、0、50）、51（0、0、0、0）、73（0、0、0、30）、88（0、0、0、0）、100（0、0、0、20），其他选项的设置如图 10-72 所示，单击"确定"按钮。填充文字，效果如图 10-73 所示。

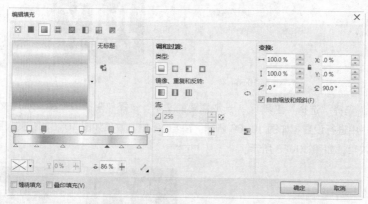

图 10-72

图 10-73

**STEP 3** 选择"选择"工具 ➤，按住 Shift 键的同时，将需要的文字同时选取，设置填充颜色的 CMYK 值为 0、20、100、0，填充文字，效果如图 10-74 所示。

图 10-74

**STEP 4** 选取需要的文字，在"对象属性"泊坞窗中选项的设置如图 10-75 所示。按 Enter 键，文字效果如图 10-76 所示。

图 10-75

图 10-76

**STEP 5** 选取需要的文字，在"对象属性"泊坞窗中选项的设置如图 10-77 所示。按 Enter 键，文字效果如图 10-78 所示。

图 10-77                              图 10-78

**STEP 6** 选取需要的文字，在"对象属性"泊坞窗中选项的设置如图 10-79 所示。按 Enter 键，文字效果如图 10-80 所示。选择"文本"工具 ，在适当的位置分别输入需要的文字。选择"选择"工具 ，在属性栏中分别选取适当的字体并设置文字大小，效果如图 10-81 所示。

图 10-79                              图 10-80

图 10-81

**STEP 7** 选择"文本"工具 ，选取需要的文字。设置填充颜色的 CMYK 值为 0、20、100、0，填充文字，效果如图 10-82 所示。再次选取需要的文字，设置填充颜色的 CMYK 值为 0、0、100、0，填充文字，效果如图 10-83 所示。

**STEP 8** 选择"选择"工具 ，选取需要的文字。在"对象属性"泊坞窗中选项的设置如图 10-84 所示。按 Enter 键，文字效果如图 10-85 所示。

图 10-82  图 10-83

图 10-84  图 10-85

**STEP 9** 用上述方法分别调整其他文字，效果如图 10-86 所示。选择"选择"工具 ，选取需要的文字。在"对象属性"泊坞窗中选项的设置如图 10-87 所示。按 Enter 键，文字效果如图 10-88 所示。

图 10-86  图 10-87

图 10-88

**STEP 10** 选择"椭圆形"工具 ，按住 Ctrl 键的同时，绘制圆形。填充为白色，并去除图形的轮廓线，效果如图 10-89 所示。选择"选择"工具 ，按住 Shift 键的同时，将圆形拖曳到适当的位置并单击鼠标右键，复制圆形。用相同的方法再次复制圆形，效果如图 10-90 所示。夏日派对海报设计制作完成，效果如图 10-91 所示。

[ VODKA ⊛ RON
GENERAL

图 10-89

[ VODKA · RON · WISKY · MOLOTOV]
GENERAL ADMISION $10

图 10-90

图 10-91

## 10.2　课后习题——洗衣机海报设计

### ⊕ 习题知识要点

在 Photoshop 中，使用渐变工具制作背景效果，使用画笔工具添加装饰星形，使用椭圆选框工具和图层样式命令制作装饰图形。在 CorelDRAW 中，使用文本工具添加宣传文字，使用封套工具和阴影工具制作变形文字，使用椭圆形工具添加文字符号。洗衣机海报设计效果如图 10-92 所示。

### ⊕ 效果所在位置

资源包/Ch10/效果/洗衣机海报设计/洗衣机海报.cdr。

图 10-92

洗衣机海报背景图　　　洗衣机海报

Chapter

11

# 第 11 章
# 杂志设计

杂志是比较有针对性的宣传媒介之一，它具有目标受众准确、实效性强、宣传力度大、效果明显等特点。时尚生活类杂志的设计可以轻松、活泼、色彩丰富。版式内的图文编排可以灵活多变，但要注意把握风格的整体性。本章以《时尚佳人》杂志为例，讲解杂志的设计方法和制作技巧。

## 课堂学习目标

- 在 Photoshop 软件中制作杂志封面背景图

- 在 CoreIDRAW 软件中制作并添加相关栏目和信息

# 11.1 杂志封面设计

**案例学习目标**

学习在 Photoshop 中使用调整图层和滤镜命令制作杂志封面底图。在 CorelDRAW 中使用文本工具、对象属性面板和图形的绘制工具制作并添加相关栏目和信息。

**案例知识要点**

在 Photoshop 中，使用滤镜制作光晕效果，使用曲线和照片滤镜调整层调整图片的颜色。在 CorelDRAW 中，根据杂志的尺寸，在属性栏中设置出页面的大小，使用文本工具和对象属性面板制作杂志名称和其他相关信息，使用矩形工具、椭圆形工具和透明度工具制作装饰图形，使用插入条形码命令插入条形码。杂志封面设计效果如图 11-1 所示。

**效果所在位置**

资源包/Ch11/效果/杂志封面设计/杂志封面.cdr。

图 11-1

## Photoshop 应用

### 11.1.1 调整背景底图

**STEP 1** 打开 Photoshop 软件，按 Ctrl + N 组合键，新建一个文件：宽度为 20.5cm，高度为 27.5cm，分辨率为 150 像素/英寸，颜色模式为 RGB，背景内容为白色。

**STEP 2** 按 Ctrl + O 组合键，打开本书配套资源包中的"Ch11 > 素材 > 杂志封面设计 > 01"文件，选择"移动"工具，将图片拖曳到图像窗口中适当的位置，如图 11-2 所示。在"图层"控制面板中生成新的图层并将其命名为"人物"。

杂志封面底图

**STEP 3** 选择"滤镜 > 渲染 > 镜头光晕"命令，将光点拖曳到适当的位置，其他选项的设置如图 11-3 所示，单击"确定"按钮，效果如图 11-4 所示。

**STEP 4** 单击"图层"控制面板下方的"创建新的填充或调整图层"按钮，在弹出的菜单中选择"曲线"命令，在"图层"控制面板中生成"曲线 1"图层，同时弹出相应的调整面板，单击添加调整点，将"输入"选项设为 80，"输出"选项设为 54，其他选项的设置如图 11-5 所示，按 Enter 键，效果如图 11-6 所示。

图 11-2                    图 11-3                    图 11-4

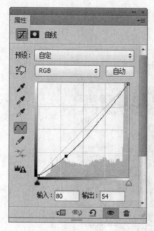

图 11-5                              图 11-6

**STEP 5** 单击"图层"控制面板下方的"创建新的填充或调整图层"按钮 ，在弹出的菜单中选择"照片滤镜"命令，在"图层"控制面板中生成"照片滤镜 1"图层，同时弹出相应的调整面板，选项的设置如图 11-7 所示，按 Enter 键，效果如图 11-8 所示。

图 11-7                              图 11-8

**STEP 6** 杂志封面底图制作完成。按 Ctrl+Shift+E 组合键，合并可见图层。按 Ctrl+S 组合键，弹出"存储为"对话框，将其命名为"杂志封面底图"，并保存为 TIFF 格式。单击"保存"按钮，弹出"TIFF

选项"对话框,单击"确定"按钮,将图像保存。

## CorelDRAW 应用

### 11.1.2 添加杂志名称

**STEP 1** 打开 CorelDRAW 软件,按 Ctrl+N 组合键,新建一个页面。在属性栏的 "页面度量"选项中分别设置宽度为 205mm,高度为 275mm,按 Enter 键,页面显示为设置的大小。

**STEP 2** 按 Ctrl+I 组合键,弹出"导入"对话框,打开本书配套资源包中的"Ch11 > 效果 > 杂志封面设计 > 杂志封面底图"文件,单击"导入"按钮,在页面中单击导入图片, 如图 11-9 所示。按 P 键,图片居中对齐页面,效果如图 11-10 所示。

杂志封面设计

图 11-9　　　　　　　图 11-10

**STEP 3** 选择"文本"工具,在页面上输入需要的文字,选择"选择"工具,在属性栏中选取适当的字体并设置文字大小,设置填充颜色的 CMYK 值为 40、100、0、0,填充文字,效果如图 11-11 所示。

**STEP 4** 按 Alt+Enter 组合键,弹出"对象属性"泊坞窗,单击"段落"按钮,弹出相应的泊坞窗,选项的设置如图 11-12 所示,按 Enter 键,文字效果如图 11-13 所示。

图 11-11　　　　　　图 11-12　　　　　　　　　图 11-13

**STEP 5** 选择"文本"工具,在页面上输入需要的文字,选择"选择"工具,在属性栏中选取适当的字体并设置文字大小,设置填充颜色的 CMYK 值为 40、100、0、0,填充文字,效果如图 11-14 所示。在"对象属性"泊坞窗中,选项的设置如图 11-15 所示,按 Enter 键,文字效果如图 11-16 所示。

**STEP 6** 选择"文本"工具,在适当的位置输入需要的文字,选择"选择"工具,在属性栏中选取适当的字体并设置文字大小,效果如图 11-17 所示。

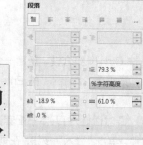

图 11-14          图 11-15          图 11-16

图 11-17

### 11.1.3  添加出版信息

**STEP 1** 选择"文本"工具 字，在适当的位置分别输入需要的文字，选择"选择"工具 ，在属性栏中分别选取适当的字体并设置文字大小，效果如图 11-18 所示。选择"文本"工具 字，选取需要的文字，在属性栏中设置适当的文字大小，效果如图 11-19 所示。

图 11-18          图 11-19

**STEP 2** 选择"选择"工具 ，选取需要的文字。在"对象属性"泊坞窗中，选项的设置如图 11-20 所示，按 Enter 键，文字效果如图 11-21 所示。选择"2 点线"工具 ，按住 Shift 键的同时，在适当的位置绘制直线，效果如图 11-22 所示。

图 11-20          图 11-21          图 11-22

### 11.1.4　添加相关栏目

**STEP 1** 选择"文本"工具 字，在适当的位置分别输入需要的文字，选择"选择"工具，在属性栏中分别选取适当的字体并设置文字大小，效果如图 11-23 所示。选取需要的文字，设置填充颜色的 CMYK 值为 40、100、0、0，填充文字，效果如图 11-24 所示。

图 11-23

图 11-24

**STEP 2** 保持文字的选取状态，在"对象属性"泊坞窗中，选项的设置如图 11-25 所示，按 Enter 键，文字效果如图 11-26 所示。

图 11-25

图 11-26

**STEP 3** 选择"选择"工具，选取下方的文字。在"对象属性"泊坞窗中，选项的设置如图 11-27 所示，按 Enter 键，文字效果如图 11-28 所示。

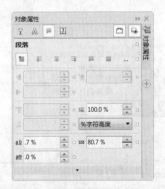

图 11-27

图 11-28

**STEP 4** 选择"椭圆形"工具，按住 Ctrl 键的同时，在适当的位置绘制圆形。设置填充颜色的 CMYK 值为 0、20、100、0，填充图形，并去除图形的轮廓线，效果如图 11-29 所示。选择"透明度"工

具 ，单击"均匀透明度"按钮 ，其他选项的设置如图 11-30 所示，按 Enter 键，效果如图 11-31 所示。

图 11-29　　　　　　　　　　　图 11-30　　　　　　　　　　　图 11-31

**STEP 5** 选择"文本"工具 ，在圆形上分别输入需要的文字，选择"选择"工具 ，在属性栏中分别选取适当的字体并设置文字大小，效果如图 11-32 所示。将输入的文字同时选取，单击属性栏中的"文本对齐"按钮 ，在弹出的面板中选择"居中"，文字的对齐效果如图 11-33 所示。再次单击文字，使其处于旋转状态，拖曳鼠标将其旋转到适当的角度，效果如图 11-34 所示。

图 11-32　　　　　　　　　图 11-33　　　　　　　　　图 11-34

**STEP 6** 选择"文本"工具 ，在适当的位置分别输入需要的文字，选择"选择"工具 ，在属性栏中分别选取适当的字体并设置文字大小，效果如图 11-35 所示。按住 Shift 键的同时，将需要的文字同时选取，如图 11-36 所示。设置填充颜色的 CMYK 值为 40、100、0、0，填充文字，效果如图 11-37 所示。

图 11-35

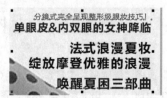

图 11-36　　　　　　　　　　　图 11-37

**STEP 7** 选择"选择"工具 ，选取需要的文字。在"对象属性"泊坞窗中，选项的设置如图
11-38 所示，按 Enter 键，文字效果如图 11-39 所示。用相同的方法调整其他文字，效果如图 11-40 所示。

图 11-38　　　　　　　　　　图 11-39　　　　　　　　　　图 11-40

**STEP 8** 选择"椭圆形"工具 ，按住 Ctrl 键的同时，在适当的位置绘制圆形，填充图形为白色，
并去除图形的轮廓线，效果如图 11-41 所示。选择"透明度"工具 ，单击"均匀透明度"按钮 ，其
他选项的设置如图 11-42 所示，按 Enter 键，效果如图 11-43 所示。

图 11-41　　　　　　　　　　图 11-42　　　　　　　　　　图 11-43

**STEP 9** 选择"椭圆形"工具 ，按住 Ctrl 键的同时，在适当的位置绘制圆形。在"对象属性"
泊坞窗中，选项的设置如图 11-44 所示，按 Enter 键，图形效果如图 11-45 所示。

**STEP 10** 选择"文本"工具 ，在圆形上分别输入需要的文字，选择"选择"工具 ，在属性
栏中分别选取适当的字体并设置文字大小。将输入的文字同时选取，单击属性栏中的"文本对齐"按钮 ，
在弹出的面板中选择"居中"，文字的对齐效果如图 11-46 所示。

图 11-44　　　　　　　　　　图 11-45　　　　　　　　　　图 11-46

**STEP 11** 选择"选择"工具 ▷，选取需要的文字。在"对象属性"泊坞窗中，选项的设置如图 11-47 所示，按 Enter 键，文字效果如图 11-48 所示。

图 11-47                图 11-48

**STEP 12** 选择"基本形状"工具 ◵，单击属性栏中的"完美形状"按钮 ◻，在弹出的面板中选择需要的基本图形，如图 11-49 所示，在适当的位置绘制心形，如图 11-50 所示。

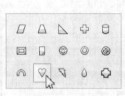

图 11-49                图 11-50

**STEP 13** 选择"选择"工具 ▷，选取心形，设置填充颜色的 CMYK 值为 0、100、100、0，填充图形，并去除图形的轮廓线，效果如图 11-51 所示。按数字键盘上的+键，复制图形，并拖曳到适当的位置，效果如图 11-52 所示。

图 11-51                图 11-52

**STEP 14** 选择"文本"工具 ▼，在适当的位置分别输入需要的文字，选择"选择"工具 ▷，在属性栏中分别选取适当的字体并设置文字大小，如图 11-53 所示。选取需要的文字，设置填充颜色的 CMYK 值为 40、100、0、0，填充文字，效果如图 11-54 所示。

图 11-53

图 11-54

**STEP 15** 保持文字的选取状态。在"对象属性"泊坞窗中,选项的设置如图 11-55 所示,按 Enter 键,文字效果如图 11-56 所示。

图 11-55

图 11-56

**STEP 16** 用相同的方法分别调整其他文字,效果如图 11-57 所示。选择"矩形"工具,绘制一个矩形,在属性栏中的"圆角半径"框中设置数值为 1mm,按 Enter 键。填充图形为白色,并去除图形的轮廓线,效果如图 11-58 所示。连续按 Ctrl+PageDown 组合键,后移矩形,效果如图 11-59 所示。

图 11-57

图 11-58                                   图 11-59

**STEP 17** 选择"透明度"工具 ，单击"均匀透明度"按钮 ，其他选项的设置如图 11-60 所示，按 Enter 键，效果如图 11-61 所示。

图 11-60                                   图 11-61

**STEP 18** 选择"选择"工具 ，选取圆角矩形，按数字键盘上的+键，复制圆角矩形，并将其拖曳到适当的位置，效果如图 11-62 所示。拖曳右侧中间的控制手柄到适当的位置，效果如图 11-63 所示。用相同的方法制作其他圆角矩形，效果如图 11-64 所示。

图 11-62                                   图 11-63

图 11-64

**STEP 19** 选择"3 点矩形"工具 ，在适当的位置绘制矩形，填充为黑色，并去除图形的轮廓线，效果如图 11-65 所示。用相同的方法绘制另一个矩形，效果如图 11-66 所示。选择"选择"工具 ，选取两个圆角矩形，按 Ctrl+G 组合键，群组图形，如图 11-67 所示。连续按 Ctrl+PageDown 组合键，后移矩形，效果如图 11-68 所示。

图 11-65          图 11-66          图 11-67          图 11-68

**STEP 20** 选择"文本"工具 ，在适当的位置分别输入需要的文字，选择"选择"工具 ，在属性栏中分别选取适当的字体并设置文字大小，如图 11-69 所示。选取需要的文字，填充文字为的白色，效果如图 11-70 所示。

**STEP 21** 选取需要的文字，设置填充颜色的 CMYK 值为 0、20、100、0，填充文字，效果如图 11-71 所示。再次选取需要的文字，设置填充颜色的 CMYK 值为 40、100、0、0，填充文字，效果如图 11-72 所示。

图 11-69

图 11-70

图 11-71

图 11-72

**STEP 22** 保持文字的选取状态，在"对象属性"泊坞窗中，选项的设置如图 11-73 所示，按 Enter 键，文字效果如图 11-74 所示。用相同的方法调整其他文字，效果如图 11-75 所示。

图 11-73

图 11-74

图 11-75

**STEP 23** 选择"矩形"工具 □，绘制一个矩形，在属性栏中的"圆角半径" 框中进行设置，如图 11-76 所示，按 Enter 键。填充图形为黑色，并去除图形的轮廓线，效果如图 11-77 所示。连续按 Ctrl+PageDown 组合键，后移矩形，效果如图 11-78 所示。

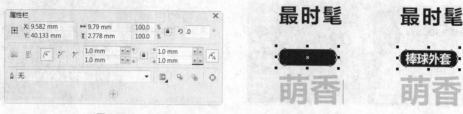

图 11-76　　　　　　图 11-77　　　　　　图 11-78

**STEP 24** 选择"透明度"工具，单击"均匀透明度"按钮，其他选项的设置如图 11-79 所示，按 Enter 键，效果如图 11-80 所示。用上述方法制作其他透明圆角矩形，效果如图 11-81 所示。

图 11-79　　　　　　　　　　图 11-80

图 11-81

**STEP 25** 选择"星形"工具，在属性栏中的"点数或边数"框中设置数值为 5，"锐度"框中设置数值为 40，在适当的位置绘制星形。设置填充颜色的 CMYK 值为 0、100、100、0，填充图形，并去除图形的轮廓线，效果如图 11-82 所示。用上述方法添加页面右下角的文字，效果如图 11-83 所示。

图 11-82　　　　　　　　　　图 11-83

### 11.1.5　制作条形码

**STEP 1** 选择"对象 > 插入条码"命令，弹出"条码向导"对话框，在各选项中按需要进行设置，如图 11-84 所示。设置好后，单击"下一步"按钮，在设置区内按需要进行设置，如图 11-85 所示。设置好后，单击"下一步"按钮，在设置区内按需要进行各项设置，如图 11-86 所示。设置好后，单击"完成"按钮，效果如图 11-87 所示。

图 11-84

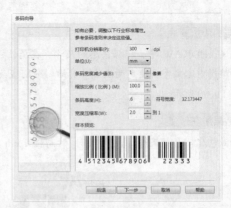

图 11-85

图 11-86

图 11-87

**STEP 2** 选择"选择"工具 ，将条形码拖曳到适当的位置并调整其大小，效果如图 11-88 所示。杂志封面设计完成，效果如图 11-89 所示。

图 11-88

图 11-89

# 11.2 时尚栏目设计

**案例学习目标**

学习在 CorelDRAW 中使用文本工具、图形的绘制工具和绕图命令制作时尚栏目。

⊕ 案例知识要点

　　在 CorelDRAW 中，根据杂志的尺寸，在属性栏中设置出页面的大小，使用文本工具和对象属性面板添加并编辑内容文字，使用两点线工具绘制分割线条，使用文本换行按钮制作绕图效果。杂志封面设计效果如图 11-90 所示。

⊕ 效果所在位置

　　资源包/Ch11/效果/时尚栏目设计/时尚栏目.cdr。

图 11-90

时尚栏目设计

# CorelDRAW 应用

## 11.2.1　制作标题和页眉

**STEP 1** 打开 CorelDRAW 软件，按 Ctrl+N 组合键，新建一个页面。在属性栏的"页面度量"选项中分别设置宽度为 205mm，高度为 275mm，按 Enter 键，页面显示为设置的大小。

**STEP 2** 选择"文本"工具 字，在页面上分别输入需要的文字，选择"选择"工具 ，在属性栏中分别选取适当的字体并设置文字大小，效果如图 11-91 所示。按 Alt+Enter 组合键，弹出"对象属性"泊坞窗，单击"段落"按钮 ，弹出相应的泊坞窗，选项的设置如图 11-92 所示，按 Enter 键，文字效果如图 11-93 所示。

图 11-91

图 11-92

图 11-93

**STEP 3** 选择"选择"工具 ，选取需要的文字，设置填充颜色的 CMYK 值为 0、100、100、0，填充文字，效果如图 11-94 所示。选择"文本"工具 字，在适当的位置输入需要的文字，选择"选择"工具 ，在属性栏中选取适当的字体并设置文字大小，效果如图 11-95 所示。选择"2 点线"工具 ，按住

Shift 键的同时，在适当的位置绘制直线，如图 11-96 所示。

图 11-94

图 11-95

图 11-96

**STEP 4** 保持直线的选取状态，在属性栏中单击"终止箭头"按钮，在弹出的面板中选择需要的箭头形状，如图 11-97 所示，直线效果如图 11-98 所示。

图 11-97

图 11-98

**STEP 5** 选择"2 点线"工具，按住 Shift 键的同时，在适当的位置绘制直线，如图 11-99 所示。选择"矩形"工具，在适当的位置绘制矩形，填充为黑色，并去除图形的轮廓线，效果如图 11-100 所示。

图 11-99

图 11-100

**STEP 6** 选择"文本"工具 字，在适当的位置输入需要的文字，选择"选择"工具 ，在属性栏中选取适当的字体并设置文字大小，效果如图 11-101 所示。选择"文本"工具 字，选取需要的文字，设置填充颜色的 CMYK 值为 0、100、100、0，填充文字，效果如图 11-102 所示。

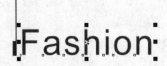
图 11-101

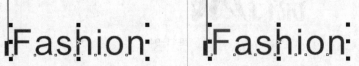
图 11-102

**STEP 7** 选择"选择"工具 ，选取需要的文字。在"对象属性"泊坞窗中，选项的设置如图 11-103 所示，按 Enter 键，文字效果如图 11-104 所示。

图 11-103

图 11-104

### 11.2.2 制作栏目标题和内容

**STEP 1** 选择"文本"工具 字，在页面上分别输入需要的文字，选择"选择"工具 ，在属性栏中分别选取适当的字体并设置文字大小，效果如图 11-105 所示。

图 11-105

**STEP 2** 选取需要的文字，设置填充颜色的 CMYK 值为 0、100、100、0，填充文字，效果如图 11-106 所示。再次选取需要的文字，填充为白色，效果如图 11-107 所示。

**STEP 3** 选择"矩形"工具 ，绘制一个矩形，填充图形为黑色，并去除图形的轮廓线，效果如图 11-108 所示。连续按 Ctrl+PageDown 组合键，后移矩形，效果如图 11-109 所示。

图 11-106

图 11-107　　　　　　　　　图 11-108　　　　　　　　　图 11-109

**STEP 4** 选择 "选择" 工具 ，选取需要的文字。在 "对象属性" 泊坞窗中，选项的设置如图 11-110 所示，按 Enter 键，文字效果如图 11-111 所示。用相同的方法调整其他文字，效果如图 11-112 所示。

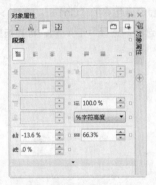

图 11-110　　　　　　　　　图 11-111　　　　　　　　　图 11-112

**STEP 5** 打开本书配套资源包中的 "Ch11 > 素材 > 时尚栏目设计 > 01" 文件，选取文档中需要的文字 "喜欢男装品牌……我们自己的风格。"，并单击鼠标右键选择 "复制" 命令，复制文字，如图 11-113 所示。返回 CorelDRAW 页面中，选择 "文本" 工具 ，在页面中拖曳光标绘制文本框。按 Ctrl+V 组合键，将复制的文字粘贴到文本框中，如图 11-114 所示。

图 11-113　　　　　　　　　　　　　图 11-114

**STEP 6** 选择 "选择" 工具 ，选取文本框。在 "对象属性" 泊坞窗中，选项的设置如图 11-115 所示，按 Enter 键，文字效果如图 11-116 所示。

图 11-115　　　　　　　　　图 11-116

### 11.2.3　添加图片并制作绕图

**STEP 1** 按 Ctrl+I 组合键，弹出"导入"对话框，打开本书配套资源包中的"Ch11 > 素材 > 时尚栏目设计 > 02"文件，单击"导入"按钮，在页面中单击导入图片，选择"选择"工具 ，将其拖曳到适当的位置并调整其大小，效果如图 11-117 所示。

图 11-117

**STEP 2** 选择"矩形"工具 ，在图片上绘制一个矩形，如图 11-118 所示。选择"对象 > 图框精确剪裁 > 置于图文框内部"命令，鼠标光标变为黑色箭头形状，在矩形上单击鼠标，将图片置入矩形中，效果如图 11-119 所示。

图 11-118　　　　　　　　　　图 11-119

**STEP 3** 选择"选择"工具 ，选取图片，在属性栏中单击"文本换行"按钮 ，在弹出的面板中选择"跨式文本"，如图 11-120 所示，绕图效果如图 11-121 所示。

图 11-120　　　　　　　　　　　　　　　　图 11-121

**STEP 4** 按 Ctrl+I 组合键，弹出"导入"对话框，打开本书配套资源包中的"Ch11 > 素材 > 时尚栏目设计 > 03"文件，单击"导入"按钮，在页面中单击导入图片，选择"选择"工具 ，将其拖曳到适当的位置并调整其大小，效果如图 11-122 所示。

**STEP 5** 选择"矩形"工具 ，在图片上绘制一个矩形，如图 11-123 所示。选择"对象 > 图框精确剪裁 > 置于图文框内部"命令，鼠标光标变为黑色箭头形状，在矩形上单击鼠标，将图片置入矩形中，效果如图 11-124 所示。

图 11-122　　　　　　　　　图 11-123　　　　　　　　　图 11-124

**STEP 6** 选择"2 点线"工具 ，按住 Shift 键的同时，在适当的位置绘制直线，如图 11-125 所示。用相同的方法再次绘制直线，效果如图 11-126 所示。

图 11-125　　　　　　　　图 11-126

**STEP 7** 用上述方法制作下方的文字效果，如图 11-127 所示。按 Ctrl+I 组合键，弹出"导入"

对话框，打开本书配套资源包中的"Ch11 > 素材 > 时尚栏目设计 > 04"文件，单击"导入"按钮，在页面中单击导入图片，选择"选择"工具 ，将其拖曳到适当的位置并调整其大小，效果如图 11-128 所示。

图 11-127 　　　　　　　　　　　　　图 11-128

**STEP 8** 选择"矩形"工具 ，在图片上绘制一个矩形，如图 11-129 所示。选择"对象 > 图框精确剪裁 > 置于图文框内部"命令，鼠标光标变为黑色箭头形状，在矩形上单击鼠标，将图片置入矩形中，效果如图 11-130 所示。

图 11-129 　　　　　　　　　　图 11-130

**STEP 9** 选择"选择"工具 ，选取图片，在属性栏中单击"文本换行"按钮 ，在弹出的面板中选择"跨式文本"，如图 11-131 所示，绕图效果如图 11-132 所示。

图 11-131 　　　　　　　　　　图 11-132

**STEP 10** 按 Ctrl+I 组合键，弹出"导入"对话框，打开本书配套资源包中的"Ch11 > 素材 > 时

尚栏目设计 > 05" 文件，单击"导入"按钮，在页面中单击导入图片，选择"选择"工具 ，将其拖曳到适当的位置并调整其大小，效果如图 11-133 所示。

**STEP 11** 按 Ctrl+I 组合键，弹出"导入"对话框，打开本书配套资源包中的"Ch11 > 素材 > 时尚栏目设计 > 06、07、08、09、10"文件，单击"导入"按钮，在页面中分别单击导入图片，选择"选择"工具 ，分别将其拖曳到适当的位置并调整其大小，效果如图 11-134 所示。

图 11-133

图 11-134

**STEP 12** 选择"贝塞尔"工具 ，在适当的位置绘制图形，如图 11-135 所示。选择"选择"工具 ，选取图形，在属性栏中单击"文本换行"按钮 ，在弹出的面板中选择"跨式文本"，如图 11-136 所示，绕图效果如图 11-137 所示。保持图形的选取状态，去除轮廓线，效果如图 11-138 所示。时尚栏目设计完成，效果如图 11-139 所示。

图 11-135

图 11-136

图 11-137

图 11-138

图 11-139

## 11.3 美食栏目设计

⊕ **案例学习目标**

在 CorelDRAW 中使用文本工具、项目符号命令和表格工具制作美食栏目。

⊕ **案例知识要点**

在 CorelDRAW 中，根据杂志的尺寸，在属性栏中设置出页面的大小，使用复制粘贴命令和文本工具制作栏目标题，使用项目符号命令为文字添加项目符号，使用表格工具、对象属性面板和星形工具制作介绍表格。美食栏目设计效果如图 11-140 所示。

⊕ **效果所在位置**

资源包/Ch11/效果/美食栏目设计/美食栏目.cdr。

图 11-140

美食栏目设计

### CorelDRAW 应用

### 11.3.1 制作标题和页眉

**STEP 1** 打开 CorelDRAW 软件，按 Ctrl+N 组合键，新建一个页面。在属性栏的"页面度量"选项中分别设置宽度为 205mm，高度为 275mm，按 Enter 键，页面显示为设置的大小。

**STEP 2** 按 Ctrl+O 组合键，打开本书配套资源包中的"Ch11 > 效果 > 时尚栏目设计 > 时尚栏目"文件，选择"选择"工具 ▷，选取需要的文字和图形，如图 11-141 所示。按 Ctrl+C 组合键，复制图形。选取新建的页面，按 Ctrl+V 组合键，粘贴图形，效果如图 11-142 所示。选择"文本"工具 字，分别选取需要的文字，修改文字，效果如图 11-143 所示。

图 11-141

图 11-142

图 11-143

### 11.3.2　添加图片和名称

**STEP 1** 按 Ctrl+I 组合键，弹出"导入"对话框，打开本书配套资源包中的"Ch11 > 素材 > 美食栏目设计 > 01"文件，单击"导入"按钮，在页面中单击导入图片，选择"选择"工具 ，将其拖曳到适当的位置并调整其大小，效果如图 11-144 所示。

**STEP 2** 选择"矩形"工具 ，在图片上绘制一个矩形，如图 11-145 所示。选择"对象 > 图框精确剪裁 > 置于图文框内部"命令，鼠标光标变为黑色箭头形状，在矩形上单击鼠标，将图片置入矩形中，效果如图 11-146 所示。

图 11-144　　　　　　　　图 11-145　　　　　　　　图 11-146

**STEP 3** 选择"矩形"工具 ，在适当的位置绘制矩形，设置图形颜色的 CMYK 值为 52、0、100、0，填充图形，并去除图形的轮廓线，效果如图 11-147 所示。选择"文本"工具 ，在矩形上输入需要的文字，选择"选择"工具 ，在属性栏中选取适当的字体并设置文字大小，填充为白色，效果如图 11-148 所示。

图 11-147　　　　　　　　图 11-148

### 11.3.3　添加介绍文字

**STEP 1** 选择"文本"工具 ，在适当的位置输入需要的文字，选择"选择"工具 ，在属性栏中选取适当的字体并设置文字大小，效果如图 11-149 所示。

图 11-149

STEP 2 打开本书配套资源包中的"Ch11 > 素材 > 美食栏目设计 > 02"文件，选取文档中需要的文字"这家餐厅……北京烤鸭。"，并单击鼠标右键选择"复制"命令，复制文字。返回 CorelDRAW 页面中，选择"文本"工具 字，在页面中拖曳光标绘制文本框。按 Ctrl+V 组合键，将复制的文字粘贴到文本框中，如图 11-150 所示。

STEP 3 选择"选择"工具 ，选取文本框。在"对象属性"泊坞窗中，选项的设置如图 11-151 所示，按 Enter 键，文字效果如图 11-152 所示。

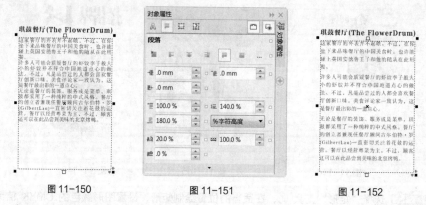

图 11-150　　　　　　　　图 11-151　　　　　　　　图 11-152

STEP 4 保持文本的选取状态。选择"文本 > 项目符号"命令，在弹出的对话框中进行设置，如图 11-153 所示，单击"确定"按钮，效果如图 11-154 所示。

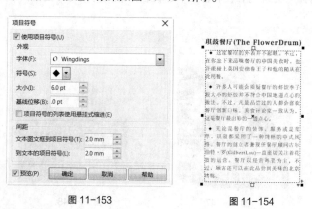

图 11-153　　　　　　　　图 11-154

### 11.3.4　制作介绍表格

STEP 1 选择"表格"工具 ，在属性栏中进行设置，如图 11-155 所示，在页面中拖曳光标绘制表格，如图 11-156 所示。

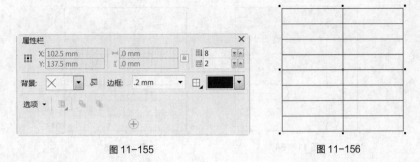

图 11-155                              图 11-156

**STEP 2** 将光标置于需要的列线上，拖曳到适当的位置，如图 11-157 所示，松开鼠标，效果如图 11-158 所示。

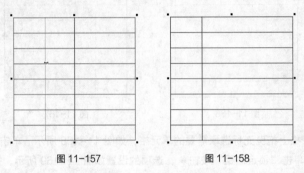

图 11-157                              图 11-158

**STEP 3** 单击属性栏中的"边框选择"按钮 ⊞，在弹出的面板中选择需要的选项，如图 11-159 所示，在属性栏中的"边框轮廓宽度" 边框 .2mm ▾ 框中设置数值为 0.1mm，按 Enter 键，效果如图 11-160 所示。

**STEP 4** 单击属性栏中的"边框选择"按钮 ⊞，在弹出的面板中选择需要的选项，如图 11-161 所示，在属性栏中的"边框轮廓宽度" 边框 .2mm ▾ 框中设置数值为 0.25mm，按 Enter 键，效果如图 11-162 所示。

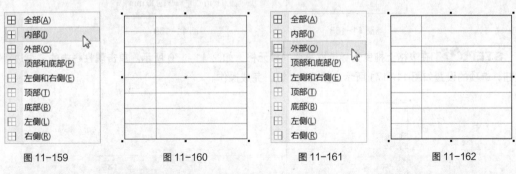

图 11-159            图 11-160            图 11-161            图 11-162

**STEP 5** 在表格上拖曳光标选取需要的单元格，如图 11-163 所示，单击属性栏中的"合并单元格"按钮 ⊟，合并选取的单元格，如图 11-164 所示。

**STEP 6** 在表格上拖曳光标选取需要的单元格，如图 11-165 所示，单击属性栏中的"合并单元格"按钮 ⊟，合并选取的单元格，如图 11-166 所示。用相同的方法选取需要的单元格，并将其合并，效果如图 11-167 所示。

图 11-163

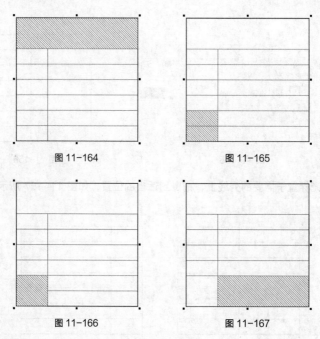

图 11-164　　　　　　　　图 11-165

图 11-166　　　　　　　　图 11-167

**STEP 7** 在表格上拖曳光标选取需要的单元格，如图 11-168 所示。单击属性栏中的"页边距"按钮，在弹出的面板中单击"锁定边距"按钮，选项的设置如图 11-169 所示，按 Enter 键，完成操作。

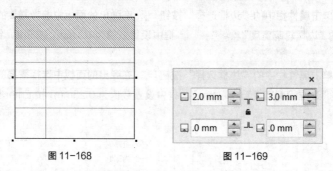

图 11-168　　　　　　　　图 11-169

**STEP 8** 在表格上拖曳光标选取需要的单元格，如图 11-170 所示。单击属性栏中的"页边距"按钮，选项的设置如图 11-171 所示，按 Enter 键，完成操作。

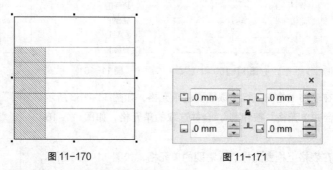

图 11-170　　　　　　　　图 11-171

**STEP 9** 在表格上拖曳光标选取需要的单元格，如图 11-172 所示。单击属性栏中的"页边距"按钮，选项的设置如图 11-173 所示，按 Enter 键，完成操作。

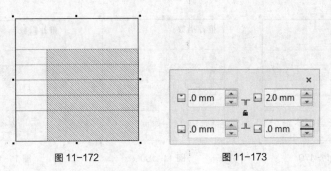

图 11-172　　　　　　　　　　　　　图 11-173

**STEP 10** 在表格上拖曳光标选取需要的单元格，在"对象属性"泊坞窗中，单击"字符"按钮 Ⓐ，弹出相应的泊坞窗，选项的设置如图 11-174 所示，按 Enter 键，完成操作。在单元格中单击插入光标，输入需要的文字，效果如图 11-175 所示。

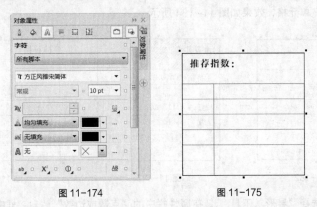

图 11-174　　　　　　　　　　　　　图 11-175

**STEP 11** 在表格上拖曳光标选取需要的单元格，如图 11-176 所示。在"对象属性"泊坞窗中，选项的设置如图 11-177 所示，按 Enter 键。单击"图文框"按钮 ⊡，弹出相应的泊坞窗，单击"垂直对齐"按钮 ᗐ，在弹出的面板中选择需要的选项，如图 11-178 所示，按 Enter 键，完成操作。

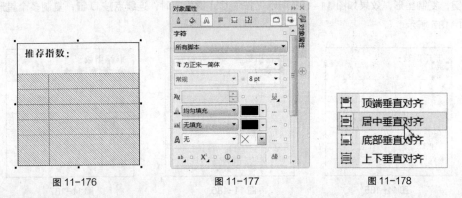

图 11-176　　　　　　　　图 11-177　　　　　　　　图 11-178

**STEP 12** 在表格上拖曳光标选取需要的单元格，如图 11-179 所示。在"对象属性"泊坞窗中，单击"段落"按钮 ▤，弹出相应的泊坞窗，单击"居中"按钮 ▤，居中对齐文字，按 Enter 键。在单元格中单击插入光标，输入需要的文字，效果如图 11-180 所示。在表格上拖曳光标选取需要的单元格，如图 11-181 所示。

| 推荐指数： | |
|---|---|
| | |
| | |
| | |
| | |

图 11-179

| 推荐指数： | |
|---|---|
| 菜系 | 西餐为主 |
| 地址 | |
| 电话 | 0112-3365856666 |
| 人均 | 380元 |
| 推荐 | 鸡丁沙拉、烤大虾苏大力、薯烩羊肉、烤羊马鞍、冬至布丁、明治排 |

图 11-180

| 推荐指数： | |
|---|---|
| 菜系 | 西餐为主 |
| 地址 | |
| 电话 | 0112-3365856666 |
| 人均 | 380元 |
| 推荐 | 鸡丁沙拉、烤大虾苏大力、薯烩羊肉、烤羊马鞍、冬至布丁、明治排 |

图 11-181

**STEP 13** 在"对象属性"泊坞窗中，单击"字符"按钮 A，弹出相应的泊坞窗，设置适当的文字大小，按 Enter 键。在单元格中单击插入光标，输入需要的文字，效果如图 11-182 所示。

**STEP 14** 在表格上拖曳光标选取需要的单元格，如图 11-183 所示。设置填充颜色的 CMYK 值为 0、0、0、10，填充单元格，效果如图 11-184 所示。

| 推荐指数： | |
|---|---|
| 菜系 | 西餐为主 |
| 地址 | 京津市五塘区万芳路1255号西峰拉稚中心A1-2302 |
| 电话 | 0112-3365856666 |
| 人均 | 380元 |
| 推荐 | 鸡丁沙拉、烤大虾苏大力、薯烩羊肉、烤羊马鞍、冬至布丁、明治排 |

图 11-182

| 推荐指数： | |
|---|---|
| 菜系 | 西餐为主 |
| 地址 | 京津市五塘区万芳路1255号西峰拉稚中心A1-2302 |
| 电话 | 0112-3365856666 |
| 人均 | 380元 |
| 推荐 | 鸡丁沙拉、烤大虾苏大力、薯烩羊肉、烤羊马鞍、冬至布丁、明治排 |

图 11-183

| 推荐指数： | |
|---|---|
| 菜系 | 西餐为主 |
| 地址 | 京津市五塘区万芳路1255号西峰拉稚中心A1-2302 |
| 电话 | 0112-3365856666 |
| 人均 | 380元 |
| 推荐 | 鸡丁沙拉、烤大虾苏大力、薯烩羊肉、烤羊马鞍、冬至布丁、明治排 |

图 11-184

**STEP 15** 选择"星形"工具，在属性栏中的"点数或边数"框中设置数值为 5，"锐度"框中设置数值为 30，在适当的位置绘制星形。设置填充颜色的 CMYK 值为 0、100、100、0，填充图形，并去除图形的轮廓线，效果如图 11-185 所示。

**STEP 16** 选择"选择"工具，选取星形，按住 Shift 键的同时，将其拖曳到适当的位置并单击鼠标右键，复制星形，效果如图 11-186 所示。按住 Ctrl 键的同时，连续点按 D 键，复制多个星形，效果如图 11-187 所示。

| 推荐指数： | |
|---|---|
| 菜系 | 西餐为主 |
| 地址 | 京津市五塘区万芳路1255号西峰拉稚中心A1-2302 |
| 电话 | 0112-3365856666 |
| 人均 | 380元 |
| 推荐 | 鸡丁沙拉、烤大虾苏大力、薯烩羊肉、烤羊马鞍、冬至布丁、明治排 |

图 11-185

| 推荐指数： | |
|---|---|
| 菜系 | 西餐为主 |
| 地址 | 京津市五塘区万芳路1255号西峰拉稚中心A1-2302 |
| 电话 | 0112-3365856666 |
| 人均 | 380元 |
| 推荐 | 鸡丁沙拉、烤大虾苏大力、薯烩羊肉、烤羊马鞍、冬至布丁、明治排 |

图 11-186

| 推荐指数： | |
|---|---|
| 菜系 | 西餐为主 |
| 地址 | 京津市五塘区万芳路1255号西峰拉稚中心A1-2302 |
| 电话 | 0112-3365856666 |
| 人均 | 380元 |
| 推荐 | 鸡丁沙拉、烤大虾苏大力、薯烩羊肉、烤羊马鞍、冬至布丁、明治排 |

图 11-187

**STEP 17** 选择"选择"工具，用圈选的方法将表格和星形同时选取，拖曳到适当位置，效果如图 11-188 所示。选择"2 点线"工具，按住 Shift 键的同时，在适当的位置绘制直线，如图 11-189 所示。用上述方法制作其他效果，如图 11-190 所示。美食栏目设计完成，效果如图 11-191 所示。

图 11-188

图 11-189

图 11-190

图 11-191

# 11.4　课后习题——数码栏目设计

## ⊕ 习题知识要点

　　在 CorelDRAW 中，使用矩形工具和阴影工具制作画框，使用图框精确剪裁命令编辑图片，使用矩形工具、转换为曲线命令和形状工具绘制图形，使用文本工具和文本属性命令添加并编辑介绍文字，使用内置文本命令将文本置入到圆形中。数码栏目效果如图 11-192 所示。

## ⊕ 效果所在位置

　　资源包/Ch11/效果/数码栏目设计/数码栏目.cdr。

图 11-192

数码栏目设计

Chapter

# 12

# 第 12 章
# 包装设计

包装代表着一个商品的品牌形象，它可以起到保护美化商品及传达商品信息的作用。好的包装可以让商品在同类产品中脱颖而出，吸引消费者的注意力并引发其购买行为，还可以极大地提高商品的价值。本章以薯片包装设计为例，讲解包装的设计方法和制作技巧。

**课堂学习目标**

- 在 Photoshop 软件中制作包装立体效果图

- 在 CorelDRAW 软件中制作包装平面展开图

# 12.1 薯片包装设计

## 案例学习目标

学习在 Photoshop 中使用钢笔工具和画笔工具制作包装立体效果。在 CorelDRAW 中使用绘图工具、文本工具和对象属性面板添加包装内容及相关信息。

## 案例知识要点

在 CorelDRAW 中，使用矩形工具、形状工具和图框精确剪裁命令制作背景底图，使用文本工具和对象属性面板添加包装的相关信息，使用艺术笔工具添加装饰笔触，使用导入命令导入需要的图片，使用椭圆形工具、对象属性面板、星形工具和贝塞尔工具制作标牌。在 Photoshop 中，使用图案填充工具填充背景底图，使用钢笔工具、画笔工具和模糊滤镜制作立体效果。薯片包装设计效果如图 12-1 所示。

## 效果所在位置

资源包/Ch12/效果/薯片包装设计/薯片包装.cdr。

图 12-1

## CorelDRAW 应用

### 12.1.1 制作背景底图

**STEP ↘1** 打开 CorelDRAW 软件，按 Ctrl+N 组合键，新建一个页面，如图 12-2 所示。选择"矩形"工具 ▢，在适当的位置绘制矩形，设置图形颜色的 CMYK 值为 75、20、0、0，填充图形，并去除图形的轮廓线，效果如图 12-3 所示。

薯片包装平面图

图 12-2

图 12-3

**STEP 2** 选择"矩形"工具 □，在适当的位置绘制矩形，如图 12-4 所示。按 Ctrl+Q 组合键，将矩形转化为曲线。选择"形状"工具 ，向上拖曳右下角的节点到适当的位置，效果如图 12-5 所示。

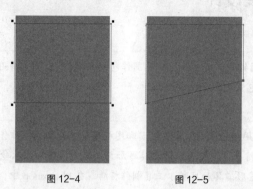

图 12-4 图 12-5

**STEP 3** 选择"选择"工具 ，选取图形，填充为白色，并去除图形的轮廓线，效果如图 12-6 所示。选择"对象 > 图框精确剪裁 > 置于图文框内部"命令，鼠标光标变为黑色箭头形状，在背景图形上单击鼠标，将图形置入背景图形中，效果如图 12-7 所示。

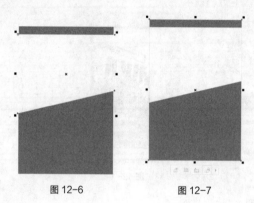

图 12-6 图 12-7

### 12.1.2 制作主体文字

**STEP 1** 选择"文本"工具 ，在页面上输入需要的文字，选择"选择"工具 ，在属性栏中选取适当的字体并设置文字大小，效果如图 12-8 所示。按 Alt+Enter 组合键，弹出"对象属性"泊坞窗，单击"段落"按钮 ，弹出相应的泊坞窗，选项的设置如图 12-9 所示，按 Enter 键，文字效果如图 12-10 所示。

图 12-8 图 12-9 图 12-10

**STEP<sup>2</sup>** 按 Ctrl+I 组合键，弹出"导入"对话框，打开本书配套资源包中的"Ch12 > 素材 > 薯片包装设计 > 01"文件，单击"导入"按钮，在页面中单击导入图片，选择"选择"工具 ，将其拖曳到适当的位置并调整其大小，效果如图 12-11 所示。再次单击图片，使其处于旋转状态，旋转到适当的角度，效果如图 12-12 所示。

图 12-11　　　　　　图 12-12

**STEP<sup>3</sup>** 选择"选择"工具 ，选取文字，按数字键盘上的+键，复制文字，并将其拖曳到适当的位置，效果如图 12-13 所示。单击属性栏中的"水平镜像"按钮 和"垂直镜像"按钮 ，翻转文字，效果如图 12-14 所示。

图 12-13　　　　　　图 12-14

**STEP<sup>4</sup>** 选择"矩形"工具 ，在适当的位置绘制矩形，填充为黑色，并去除图形的轮廓线，效果如图 12-15 所示。选择"选择"工具 ，选取矩形，再次单击矩形，使其处于选取状态，向右拖曳上方中间的控制手柄到适当的位置，效果如图 12-16 所示。

图 12-15　　　　　　图 12-16

**STEP<sup>5</sup>** 选择"艺术笔"工具 ，单击属性栏中的"笔刷"按钮 ，在"类别"选项中选择"底纹"，在"笔刷笔触"选项的下拉列表中选择需要的图样，其他选项的设置如图 12-17 所示，按 Enter 键。在页面中从右向左拖曳光标，效果如图 12-18 所示。

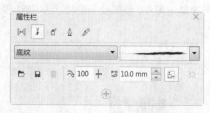

图 12-17　　　　　　　　　　　　　　　　图 12-18

**STEP 6** 选择"艺术笔"工具 ，单击属性栏中的"笔刷"按钮 ，在"类别"选项中选择"底纹"，在"笔刷笔触"选项的下拉列表中选择需要的图样，其他选项的设置如图 12-19 所示，按 Enter 键。在页面中从右向左拖曳光标，效果如图 12-20 所示。

图 12-19　　　　　　　　　　　　　　　　图 12-20

**STEP 7** 选择"选择"工具 ，选取需要的图形，将其拖曳到适当的位置，效果如图 12-21 所示。用相同的方法将另一个图形拖曳到适当的位置，效果如图 12-22 所示。

图 12-21　　　　　　　　　　　　　　　　图 12-22

**STEP 8** 选择"文本"工具 ，在适当的位置输入需要的文字，选择"选择"工具 ，在属性栏中选取适当的字体并设置文字大小，填充为白色，效果如图 12-23 所示。在属性栏中的"旋转角度" 框中设置数值为 358°，按 Enter 键，效果如图 12-24 所示。

图 12-23　　　　　　　　　　　　　　　　图 12-24

**STEP 9** 保持文字的选取状态。在"对象属性"泊坞窗中，选项的设置如图 12-25 所示，按 Enter 键，文字效果如图 12-26 所示。选择"选择"工具 ，用圈选的方法将需要的图形和文字同时选取，按 Ctrl+G 组合键，群组图形。再次单击图形，使其处于旋转状态，拖曳鼠标将其旋转到适当的角度，效果如图 12-27 所示。

图 12-25 图 12-26 图 12-27

**STEP 10** 选择"文本"工具 ，在适当的位置分别输入需要的文字，选择"选择"工具 ，在属性栏中分别选取适当的字体并设置文字大小，效果如图 12-28 所示。

**STEP 11** 选择"选择"工具 ，选取需要的文字，填充为白色，效果如图 12-29 所示。用圈选的方法将需要的图形和文字同时选取，再次单击图形，使其处于旋转状态，旋转到适当的角度，效果如图 12-30 所示。

图 12-28 图 12-29 图 12-30

### 12.1.3 制作标牌

**STEP 1** 选择"椭圆形"工具 ，按住 Ctrl 键的同时，绘制圆形，如图 12-31 所示。填充为白色，并设置轮廓线颜色的 CMYK 值为 0、40、100、0，填充图形的轮廓线。在属性栏中的"轮廓宽度" .2 mm 框中设置数值为 2mm，效果如图 12-32 所示。

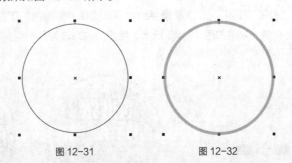

图 12-31 图 12-32

**STEP 2** 选择"选择"工具 ，选取圆形。按数字键盘上的+键，复制圆形。按住 Alt+Shift 组合键的同时，向内拖曳控制手柄，等比例缩小圆形。设置填充颜色的 CMYK 值为 0、40、100、0，填充图形，并去除图形的轮廓线，效果如图 12-33 所示。

**STEP 3** 选择"选择"工具 ，选取圆形。按数字键盘上的+键，复制圆形。按住 Alt+Shift 组合键的同时，向内拖曳控制手柄，等比例缩小圆形。设置轮廓线颜色为白色，并去除图形填充色。保持图形的选取状态。在"对象属性"泊坞窗中，选项的设置如图 12-34 所示，按 Enter 键，图形效果如图 12-35 所示。

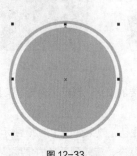

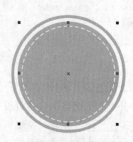

图 12-33　　　　　　　　　　图 12-34　　　　　　　　　　图 12-35

**STEP 4** 选择"文本"工具 ，在适当的位置分别输入需要的文字，选择"选择"工具 ，在属性栏中分别选取适当的字体并设置文字大小，填充为白色，效果如图 12-36 所示。按住 Shift 键的同时，将文字同时选取。在"对象属性"泊坞窗中，选项的设置如图 12-37 所示，按 Enter 键，文字效果如图 12-38 所示。

图 12-36　　　　　　　　　　图 12-37　　　　　　　　　　图 12-38

**STEP 5** 选择"选择"工具 ，选取需要的文字。选择"轮廓图"工具 ，在属性栏中的设置如图 12-39 所示，按 Enter 键，效果如图 12-40 所示。用相同的方法为另一个文字添加轮廓图，效果如图 12-41 所示。

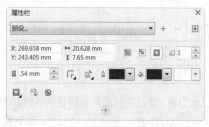

图 12-39　　　　　　　　　　图 12-40　　　　　　　　　　图 12-41

**STEP⤵6** 选择"星形"工具 ，在属性栏中的"点数或边数" 框中设置数值为 5，"锐度"
框中设置数值为 39，在适当的位置绘制星形。设置填充颜色的 CMYK 值为 0、100、100、20，填充
图形，并去除图形的轮廓线，效果如图 12–42 所示。

**STEP⤵7** 选择"选择"工具 ，选取星形，按住 Shift 键的同时，将其拖曳到适当的位置并单击
鼠标右键，复制星形，调整其大小，效果如图 12–43 所示。

图 12–42　　　　　　　　　　　图 12–43

**STEP⤵8** 用相同的方法复制星形并调整其大小，效果如图 12–44 所示。选择"选择"工具 ，
用圈选的方法选取需要的星形。按住 Shift 键的同时，将其拖曳到适当的位置并单击鼠标右键，复制星形，
效果如图 12–45 所示。

图 12–44　　　　　　　　　　　图 12–45

**STEP⤵9** 选择"贝塞尔"工具 ，在适当的位置绘制图形，如图 12–46 所示。设置填充颜色的
CMYK 值为 0、100、100、20，填充图形，并去除图形的轮廓线，效果如图 12–47 所示。

图 12–46　　　　　　　　　　　图 12–47

**STEP⤵10** 再次绘制图形，设置填充颜色的 CMYK 值为 0、100、100、40，填充图形，并去除图
形的轮廓线，效果如图 12–48 所示。按 Ctrl+PageDown 组合键，后移图形，效果如图 12–49 所示。

**STEP⤵11** 选择"选择"工具 ，选取需要的图形，将其拖曳到适当的位置并单击鼠标右键，复
制图形，效果如图 12–50 所示。单击属性栏中的"水平镜像"按钮 ，水平翻转图形，效果如图 12–51
所示。

图 12-48　　　　　　　　　　图 12-49

图 12-50　　　　　　　　　　图 12-51

**STEP 12** 选择"贝塞尔"工具 ，绘制一条曲线，如图 12-52 所示。选择"文本"工具 字，在曲线上单击插入光标，如图 12-53 所示。在属性栏中的设置如图 12-54 所示，按 Enter 键，效果如图 12-55 所示。

图 12-52　　　　　　　　　　图 12-53

图 12-54

图 12-55

**STEP 13** 选择"形状"工具 ，选取曲线，如图 12-56 所示。设置轮廓线颜色为无，效果如图 12-57 所示。选择"选择"工具 ，用圈选的方法选取需要的图形，拖曳到适当的位置，效果如图 12-58 所示。

图 12-56          图 12-57          图 12-58

### 12.1.4   添加其他信息

**STEP 1** 选择 "文本" 工具 字，在页面上输入需要的文字，选择 "选择" 工具 ，在属性栏中选取适当的字体并设置文字大小。设置填充颜色的 CMYK 值为 75、20、0、0，填充文字，效果如图 12-59所示。在 "对象属性" 泊坞窗中，选项的设置如图 12-60 所示，按 Enter 键，文字效果如图 12-61 所示。

图 12-59          图 12-60          图 12-61

**STEP 2** 保持文字的选取状态，在属性栏中的 "旋转角度" 框中设置数值为 90°，旋转文字，并将其拖曳到适当的位置，效果如图 12-62 所示。用相同的方法制作下方的文字，并填充为白色，效果如图 12-63 所示。

图 12-62          图 12-63

**STEP 3** 选择 "矩形" 工具 ，绘制一个矩形，在属性栏中的 "圆角半径" 框中设置数值为 5mm，按 Enter 键。填充图形为黑色，并去除图形的轮廓线，效果如图 12-64 所示。

**STEP 4** 选择 "椭圆形" 工具 ，在适当的位置绘制椭圆形，填充为白色，并去除图形的轮廓线，效果如图 12-65 所示。选择"文本"工具 ，在适当的位置分别输入需要的文字，选择"选择"工具 ，在属性栏中分别选取适当的字体并设置文字大小，分别填充为白色和黑色，效果如图 12-66 所示。

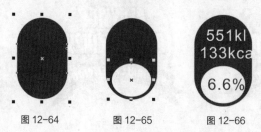

图 12-64          图 12-65          图 12-66

**STEP 5** 选择"选择"工具 ，按住 Shift 键的同时，将需要的文字同时选取。在"对象属性"泊坞窗中，选项的设置如图 12-67 所示，按 Enter 键，文字效果如图 12-68 所示。

图 12-67          图 12-68

**STEP 6** 选择"选择"工具 ，用圈选的方法将需要的图形和文字同时选取，拖曳到适当的位置，效果如图 12-69 所示。选择"文本"工具 ，在适当的位置分别输入需要的文字，选择"选择"工具 ，在属性栏中分别选取适当的字体并设置文字大小，效果如图 12-70 所示。

图 12-69          图 12-70

**STEP 7** 选择"选择"工具 ，按住 Shift 键的同时，将需要的文字同时选取。在"对象属性"泊坞窗中，选项的设置如图 12-71 所示，按 Enter 键，文字效果如图 12-72 所示。

**STEP 8** 按 Ctrl+I 组合键，弹出"导入"对话框，打开本书配套资源包中的"Ch12 > 素材 > 薯片包装设计 > 02"文件，单击"导入"按钮，在页面中单击导入图片，选择"选择"工具 ，将其拖曳到适当的位置并调整其大小，效果如图 12-73 所示。

图 12-71　　　　　　　　　　图 12-72　　　　　　　　　　图 12-73

**STEP 9** 选择"文本"工具 ，在适当的位置输入需要的文字，选择"选择"工具 ，在属性栏中分别选取适当的字体并设置文字大小，效果如图 12-74 所示。薯片包装平面图制作完成，效果如图 12-75 所示。选择"文件 > 导出"命令，弹出"导出"对话框，将文件名设置为"薯片包装平面图"，保存图像为"JPG"格式。

图 12-74　　　　　　　　　　图 12-75

## Photoshop 应用

### 12.1.5　制作包装底图

**STEP 1** 打开 Photoshop 软件，按 Ctrl+N 组合键，新建一个文件：宽度为 20cm，高度为 28cm，分辨率为 150 像素/英寸，色彩模式为 RGB，背景内容为白色。选择"油漆桶"工具 ，在属性栏中设置为"图案"填充，单击"图案"选项右侧的按钮 ，在弹出的面板中单击右上角的 按钮，在弹出的菜单中选择"彩色纸"命令，弹出提示对话框，单击"追加"按钮。在面板中选择需要的图案，如图 12-76 所示。在图像窗口中单击鼠标填充图案，效果如图 12-77 所示。

薯片包装立体效果

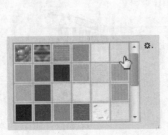

图 12-76　　　　　　　　　　图 12-77

**STEP ↘2** 新建图层并将其命名为"包装外形"。将前景色设为黑色。选择"钢笔"工具 ，在属性栏的"选择工具模式"选项中选择"路径"，在图像窗口中绘制路径，如图 12-78 所示。按 Ctrl+Enter 组合键，将路径转化为选区，如图 12-79 所示。按 Alt+Delete 组合键，用前景色填充选区，取消选区后，效果如图 12-80 所示。

图 12-78           图 12-79           图 12-80

**STEP ↘3** 打开本书配套资源包中的"Ch12 > 效果 > 薯片包装设计 > 薯片包装平面图.jpg"文件，选择"移动"工具 ，将图像拖曳到正在编辑的图像窗口中，并调整其大小，效果如图 12-81 所示，在"图层"控制面板生成新的图层并将其设为"薯片包装平面图"。按 Ctrl+Alt+G 组合键，创建剪贴蒙版，效果如图 12-82 所示。

图 12-81                图 12-82

### 12.1.6　添加阴影和高光

**STEP ↘1** 新建图层并将其命名为"褶皱 1"。将前景色设为灰色（其 R、G、B 的值分别为 237、237、237）。选择"钢笔"工具 ，在图像窗口中绘制路径，如图 12-83 所示。按 Ctrl+Enter 组合键，将路径转化为选区。按 Alt+Delete 组合键，用前景色填充选区，取消选区后，效果如图 12-84 所示。

图 12-83                图 12-84

**STEP 2** 选择"滤镜 > 模糊 > 高斯模糊"命令，在弹出的对话框中进行设置，如图 12-85 所示，单击"确定"按钮，效果如图 12-86 所示。按 Ctrl+Alt+G 组合键，创建剪贴蒙版，效果如图 12-87 所示。用相同的方法制作其他褶皱效果，如图 12-88 所示。

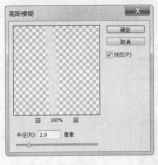

图 12-85 　　　　　图 12-86 　　　　　图 12-87 　　　　　图 12-88

**STEP 3** 新建图层并将其命名为"暗部"。将前景色设为黑色。选择"画笔"工具，单击"画笔"选项右侧的按钮，在弹出的面板中选择需要的画笔形状，并设置适当的画笔大小，如图 12-89 所示。在属性栏中将"不透明度"选项设为 24%，"流量"选项均设为 9%，在图像窗口中绘制需要的图像，效果如图 12-90 所示。按 Ctrl+Alt+G 组合键，创建剪贴蒙版，效果如图 12-91 所示。

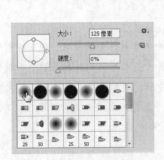

图 12-89 　　　　　图 12-90 　　　　　图 12-91

**STEP 4** 新建图层并将其命名为"亮部"。将前景色设为白色。选择"画笔"工具，在图像窗口中绘制需要的图像，效果如图 12-92 所示。按 Ctrl+Alt+G 组合键，创建剪贴蒙版，效果如图 12-93 所示。

图 12-92 　　　　　图 12-93

**STEP⬅5** 单击"图层"控制面板下方的"创建新的填充或调整图层"按钮 ◉，在弹出的菜单中选择"色阶"命令，在"图层"控制面板中生成"色阶 1"图层，同时弹出相应的调整面板，选项的设置如图 12-94 所示，按 Enter 键，效果如图 12-95 所示。薯片包装设计制作完成。

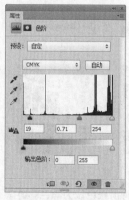

图 12-94　　　　　　图 12-95

## 12.2　课后习题——口香糖包装设计

### 🔍 习题知识要点

在 CorelDRAW 中，使用渐变填充工具、多边形工具和扭曲工具制作背景效果，使用椭圆形工具、贝塞尔工具和文本工具制作产品标志，使用文本工具、贝塞尔工具、基本形状工具和浮雕命令制作产品宣传语和水珠效果，使用椭圆形工具、矩形工具和扭曲工具制作口香糖，使用文本工具添加产品内容文字，使用文本工具、手绘工具和条码命令制作背面效果。在 Photoshop 中，使用渐变工具、矩形选框工具、钢笔工具和图层样式命令制作立体效果。口香糖包装设计效果如图 12-96 所示。

### 🔍 效果所在位置

资源包/Ch12/效果/口香糖包装设计/口香糖包装.cdr。

图 12-96

口香糖包装正面 1

口香糖包装正面 2

口香糖包装背面

口香糖包装立体效果

Chapter

# 13

## 第 13 章
## 网页设计

网页是构成网站的基本元素，是承载各种网站应用的平台。它实际上是一个文件，存放在世界某个角落的某一台计算机中，与互联网相连并通过网址来识别与存取。当输入网址后，浏览器快速运行一段程序，将网页文件传送到用户的计算机中，解释并展示网页的内容。本章以家居网页设计为例，讲解网页的设计方法和制作技巧。

**课堂学习目标**

● 在 Photoshop 软件
　 中制作网页

# 13.1 家居网页设计

⊕ 案例学习目标

学习在 Photoshop 中使用绘图工具、字符面板和创建剪贴蒙版命令制作家居网页设计。

⊕ 案例知识要点

在 Photoshop 中，使用矩形工具和创建剪贴蒙版命令制作广告栏，使用钢笔工具、矩形工具、文字工具和字符面板制作导航栏和底部，使用矩形工具、椭圆工具和圆角矩形工具制作按钮图形，使用矩形工具、椭圆工具、直线工具和创建剪贴蒙版命令制作网页中心部分。家居网页设计效果如图 13-1 所示。

⊕ 效果所在位置

资源包/Ch13/效果/家居网页设计/家居网页.cdr。

图 13-1

## Photoshop 应用

### 13.1.1 制作广告栏

**STEP 1** 打开 Photoshop 软件，按 Ctrl+N 组合键，新建一个文件：宽度为 1400 像素，高度为 1200 像素，分辨率为 72 像素/英寸，色彩模式为 RGB，背景内容为白色，如图 13-2 所示。

**STEP 2** 选择"矩形"工具 ▣，在属性栏的"选择工具模式"选项中选择"形状"，将"颜色"选项设为紫灰（其 R、G、B 的值分别为 42、39、59），在图像窗口中绘制矩形，如图 13-3 所示。

家居网页设计 1

图 13-2

图 13-3

**STEP 3** 按 Ctrl + O 组合键，打开本书配套资源包中的"Ch13 ＞ 素材 ＞ 家居网页设计 ＞ 01"文件，选择"移动"工具 ，将图片拖曳到图像窗口中适当的位置，如图 13-4 所示。在"图层"控制面板中生成新的图层并将其命名为"图片"。按 Ctrl+Alt+G 组合键，创建剪贴蒙版，效果如图 13-5 所示。

图 13-4　　　　　　　　　　　　　图 13-5

### 13.1.2　制作导航栏

**STEP 1** 选择"矩形"工具 ，在属性栏中将"颜色"选项设为灰色（其 R、G、B 的值分别为 38、38、38），在图像窗口中绘制矩形，如图 13-6 所示。在适当的位置再绘制一个矩形，在属性栏中将"颜色"选项设为红色（其 R、G、B 的值分别为 204、3、1），效果如图 13-7 所示。

图 13-6

图 13-7

**STEP 2** 选择"矩形"工具 ，在属性栏中单击"路径操作"按钮 ，在弹出的选项中选择"合并形状"，在图像窗口中绘制矩形，如图 13-8 所示。

**STEP 3** 选择"钢笔"工具 ，在属性栏的"选择工具模式"选项中选择"形状"，在属性栏中单击"路径操作"按钮 ，在弹出的选项中选择"合并形状"，在图像窗口中绘制三角形，如图 13-9 所示。

图 13-8

图 13-9

**STEP 4** 选择"横排文字"工具 T，在属性栏中设置适当的字体、颜色和文字大小，在图像窗口中适当的位置输入需要的文字，如图 13-10 所示。选择"窗口 > 字符"命令，在弹出的面板中进行设置，如图 13-11 所示，按 Enter 键，效果如图 13-12 所示。

图 13-10　　　　　　图 13-11　　　　　　图 13-12

**STEP 5** 选择"横排文字"工具 T，在属性栏中设置适当的字体、颜色和文字大小，在图像窗口中适当的位置输入需要的文字，如图 13-13 所示。用相同的方法在适当的位置输入需要的文字，效果如图 13-14 所示。按住 Shift 键的同时，单击"形状 1"图层，将需要的图层同时选取，按 Ctrl+G 组合键，创建新组并将其命名为"导航"，效果如图 13-15 所示。

图 13-13

图 13-14　　　　　　图 13-15

### 13.1.3　制作按钮

**STEP 1** 选择"矩形"工具 ▣，在属性栏中将"颜色"选项设为白色，在图像窗口中绘制矩形，如图 13-16 所示。选择"椭圆"工具 ●，在属性栏中单击"路径操作"按钮 ▣，在弹出的选项中选择"合并形状"，按住 Shift 键的同时，在图像窗口中绘制圆形，如图 13-17 所示。

**STEP 2** 选择"路径选择"工具 ▸，选取刚绘制的圆形，按住 Alt+Shift 组合键的同时，将其拖曳到适当的位置，复制圆形，效果如图 13-18 所示。用相同的方法复制其他圆形，效果如图 13-19 所示。

图 13-16

图 13-17

图 13-18

图 13-19

**STEP⬇3** 按 Ctrl + O 组合键，打开本书配套资源包中的"Ch13 > 素材 > 家居网页设计 > 02"文件，选择"移动"工具▶+，将图片拖曳到图像窗口中适当的位置，如图 13-20 所示。在"图层"控制面板中生成新的图层并将其命名为"图标 1"。用相同的方法置入其他图标，并拖曳到适当的位置，效果如图 13-21 所示。

图 13-20

图 13-21

**STEP⬇4** 选择"圆角矩形"工具▣，在属性栏的"选择工具模式"选项中选择"形状"，将"颜色"选项设为灰色（其 R、G、B 的值分别为 60、60、60），将"半径"选项设为 3 像素，在图像窗口中绘制圆角矩形，如图 13-22 所示。

**STEP⬇5** 选择"钢笔"工具✎，在属性栏中单击"路径操作"按钮▣，在弹出的选项中选择"合并形状"，在图像窗口中绘制三角形，如图 13-23 所示。

**STEP⬇6** 选择"路径选择"工具▶，用圈选的方法选取需要的形状，如图 13-24 所示。按住 Alt+Shift 组合键的同时，水平向右拖曳到适当的位置，复制图形，效果如图 13-25 所示。用相同的方法复制其他图形，效果如图 13-26 所示。

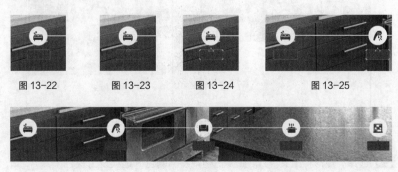

图 13-22　　　　图 13-23　　　　图 13-24　　　　图 13-25

图 13-26

**STEP 7** 选择"横排文字"工具 T，在属性栏中设置适当的字体、颜色和文字大小，在图像窗口中适当的位置输入需要的文字，如图 13-27 所示。用相同的方法在适当位置输入文字，效果如图 13-28所示。按住 Shift 键的同时，单击"形状 4"图层，将需要的图层同时选取。按 Ctrl+G 组合键，创建新组并将其命名为"按钮"。

图 13-27                                    图 13-28

### 13.1.4 制作案例展示

**STEP 1** 选择"矩形"工具 ▣，在属性栏中将"颜色"选项设为灰色（其 R、G、B 的值分别为176、176、176），在图像窗口中绘制矩形，如图 13-29 所示。

**STEP 2** 按 Ctrl+O 组合键，打开本书配套资源包中的"Ch13 > 素材 > 家居网页设计 > 07"文件，选择"移动"工具 ▶+，将图片拖曳到图像窗口中适当的位置，如图 13-30 所示。在"图层"控制面板中生成新的图层并将其命名为"图片 2"。

          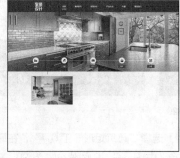

图 13-29                                    图 13-30

**STEP 3** 按 Ctrl+Alt+G 组合键，创建剪贴蒙版，效果如图 13-31 所示。选择"横排文字"工具 T，在属性栏中分别设置适当的字体、颜色和文字大小，在图像窗口中适当的位置分别输入需要的文字，效果如图 13-32 所示。

图 13-31                                    图 13-32

**STEP 4** 选择"矩形"工具 ▣，在属性栏中将"颜色"选项设为灰色（其 R、G、B 的值分别为176、176、176），在图像窗口中绘制矩形，如图 13-33 所示。选择"直线"工具 ／，在属性栏的"选择工具模式"选项中选择"形状",将"颜色"选项设为白色,将"粗细"选项设为 2 像素,在图像窗口中绘制直线,如图 13-34 所示。用相同的方法绘制另一条直线,效果如图 13-35 所示。

图 13-33

图 13-34

图 13-35

**STEP 5** 选择"路径选择"工具 ，用圈选的方法选取需要的形状,按住 Alt+Shift 组合键的同时,将其拖曳到适当的位置,复制图形,效果如图 13-36 所示。在属性栏中将"颜色"选项设为红色(其R、G、B 的值分别为 204、3、1),效果如图 13-37 所示。

图 13-36

图 13-37

**STEP 6** 用相同的方法复制其他图形,效果如图 13-38 所示。选择"直线"工具 ，在属性栏中将"颜色"选项设为灰色(其 R、G、B 的值分别为 176、176、176),在图像窗口中绘制直线,如图 13-39 所示。按住 Shift 键的同时,单击"形状 6"图层,将需要的图层同时选取。按 Ctrl+G 组合键,创建新组并将其命名为"案例展示"。

图 13-38

图 13-39

### 13.1.5 制作新闻栏

**STEP 1** 按 Ctrl + O 组合键,打开本书配套资源包中的"Ch13 > 素材 > 家居网页设计 > 08"文件,选择"移动"工具 ，将图片拖曳到图像窗口中适当的位置,如图 13-40 所示。在"图层"控制面板中生成新的图层并将其命名为"图标 6"。

**STEP 2** 选择"横排文字"工具 ，在属性栏中设置适当的字体、颜色和文字大小,在图像窗口中适当的位置输入需要的文字,如图 13-41 所示。用相同的方法在适

家居网页设计 2

当的位置输入文字，效果如图 13-42 所示。

图 13-40 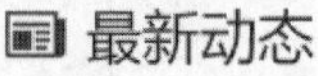　　　　　图 13-41 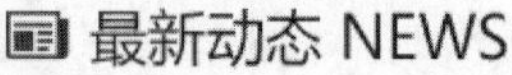　　　　　图 13-42

**STEP 3** 选择"横排文字"工具 T，在属性栏中设置适当的字体、颜色和文字大小，在图像窗口中适当的位置输入需要的文字，如图 13-43 所示。选择"移动"工具，在"图层"控制面板中，按住 Ctrl 键的同时，单击"图标 6"图层，将需要的图层同时选取，单击"左对齐"按钮，对齐文字，效果如图 13-44 所示。

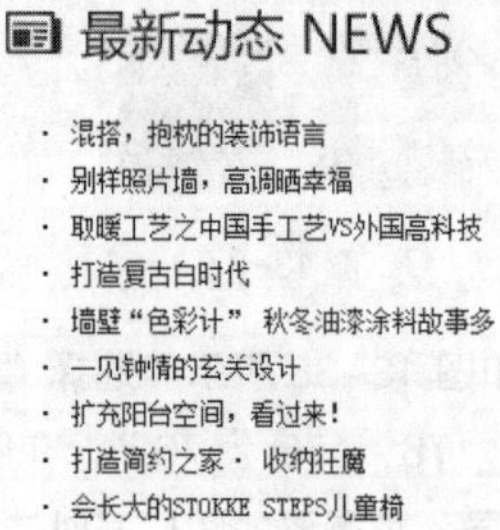

图 13-43 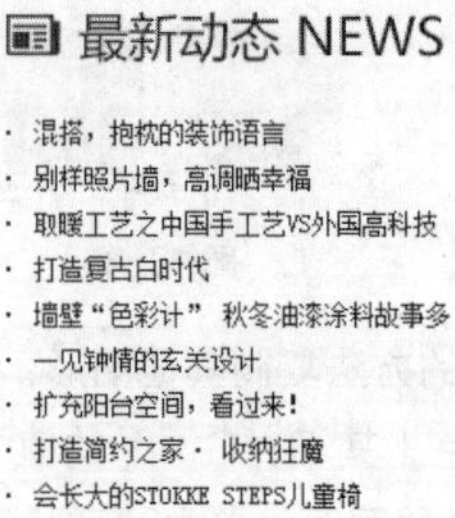　　　　　图 13-44

**STEP 4** 选取文字图层。在"字符"面板中进行设置，如图 13-45 所示，按 Enter 键，效果如图 13-46 所示。

图 13-45 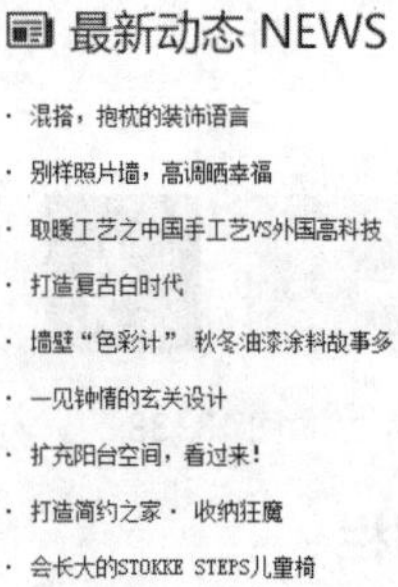　　　　　图 13-46

**STEP 5** 选择"横排文字"工具 T，在属性栏中设置适当的字体、颜色和文字大小，在图像窗口中适当的位置输入需要的文字，如图 13-47 所示。在"字符"面板中进行设置，如图 13-48 所示，按 Enter 键，效果如图 13-49 所示。

图 13-47　　　　　　　图 13-48　　　　　　　图 13-49

**STEP 6** 在"图层"控制面板上方，将该文字图层的"不透明度"选项设为 50%，如图 13-50 所示，图像效果如图 13-51 所示。按住 Shift 键的同时，单击"图标 6"图层，将需要的图层同时选取。按 Ctrl+G 组合键，创建新组并将其命名为"新闻"。

图 13-50　　　　　　　图 13-51

### 13.1.6　制作设计达人栏

**STEP 1** 按 Ctrl+O 组合键，打开本书配套资源包中的"Ch13 > 素材 > 家居网页设计 > 09"文件，选择"移动"工具，将图片拖曳到图像窗口中适当的位置，如图 13-52 所示。在"图层"控制面板中生成新的图层并将其命名为"图标 7"。

**STEP 2** 选择"横排文字"工具，在属性栏中设置适当的字体、颜色和文字大小，在图像窗口中适当的位置输入需要的文字，如图 13-53 所示。

👤 设计达人

图 13-52　　　　　　　图 13-53

**STEP 3** 用上述方法再次输入需要的文字，效果如图 13-54 所示。选择"椭圆"工具，在属性栏中将"颜色"选项设为黑色，按住 Shift 键的同时，在图像窗口中绘制圆形，如图 13-55 所示。

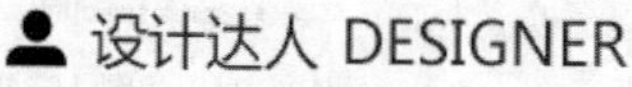

图 13-54                    图 13-55

**STEP 4** 按 Ctrl + O 组合键，打开本书配套资源包中的"Ch13 > 素材 > 家居网页设计 > 10"文件，选择"移动"工具，将图片拖曳到图像窗口中适当的位置，如图 13-56 所示。在"图层"控制面板中生成新的图层并将其命名为"人物 1"。按 Ctrl+Alt+G 组合键，创建剪贴蒙版，效果如图 13-57 所示。

图 13-56                     图 13-57

**STEP 5** 选择"横排文字"工具，在属性栏中设置适当的字体、颜色和文字大小，在图像窗口中适当的位置输入需要的文字，如图 13-58 所示。按住 Shift 键的同时，单击"圆形 1"图层，将需要的图层同时选取。按 Ctrl+G 组合键，创建新组并将其命名为"人物"。选择"移动"工具，将图像拖曳到适当的位置，复制图像，效果如图 13-59 所示。

图 13-58                    图 13-59

**STEP 6** 按 Ctrl + O 组合键，打开本书配套资源包中的"Ch13 > 素材 > 家居网页设计 > 11"文件，选择"移动"工具，将图片拖曳到图像窗口中适当的位置。在"图层"控制面板中生成新的图层并将其命名为"人物 2"，拖曳到"圆形 2"图层的上方，如图 13-60 所示。选择"横排文字"工具，选取下方的文字并进行修改，效果如图 13-61 所示。

**STEP 7** 用相同的方法制作其他达人栏，效果如图 13-62 所示。按住 Shift 键的同时，单击"图标 7"图层，将需要的图层同时选取。按 Ctrl+G 组合键，创建新组并将其命名为"设计达人"，如图 13-63 所示。

图 13-60　　　　　　　　　　　图 13-61

图 13-62　　　　　　　　　　　图 13-63

### 13.1.7　制作底部

**STEP 1** 选择"矩形"工具 ▣，在属性栏中将"颜色"选项设为灰色（其 R、G、B 的值分别为 51、51、51），在图像窗口中绘制矩形，如图 13-64 所示。在适当的位置再绘制一个矩形，在属性栏中将 "颜色"选项设为深灰色（其 R、G、B 的值分别为 40、40、40），效果如图 13-65 所示。

图 13-64　　　　　　　　　　　图 13-65

**STEP 2** 选择"横排文字"工具 T，在属性栏中分别设置适当的字体、颜色和文字大小，在图像窗口中适当的位置分别输入需要的文字，如图 13-66 所示。

图 13-66

**STEP 3** 选择"直线"工具 ⁄，在属性栏中将"颜色"选项设为灰色（其 R、G、B 的值分别为 60、60、60），在图像窗口中绘制直线，如图 13-67 所示。

图 13-67

**STEP 4** 在适当的位置再绘制直线，在属性栏中将"颜色"选项设为红色（其 R、G、B 的值分别为 204、3、1），效果如图 13-68 所示。按住 Shift 键的同时，单击"形状 10"图层，将需要的图层同时选取。按 Ctrl+G 组合键，创建新组并将其命名为"底部"。家居网页设计制作完成，效果如图 13-69 所示。

图 13-68

图 13-69

## 13.2 课后习题——慕斯网页设计

### 习题知识要点

在 Photoshop 中，使用钢笔工具、矩形工具和自定形状工具绘制图形，使用文字工具添加宣传文字，创建剪贴蒙版命令制作图片剪切效果，使用图层蒙版命令为图形添加蒙版，使用图层样式命令为图片和文字添加特殊效果。慕斯网页效果如图 13-70 所示。

### 效果所在位置

资源包/Ch13/效果/慕斯网页设计/慕斯网页.cdr。

图 13-70

慕斯网页设计

Chapter

# 14

## 第 14 章
## VI 设计

VI 是企业形象设计的整合。它通过具体的符号将企业理念、文化素质、企业规范等抽象概念进行充分的表达，以标准化、系统化、统一化的方式塑造良好的企业形象，传播企业文化。本章以电影公司 VI 设计为例，讲解 VI 的设计方法和制作技巧。

### 课堂学习目标

● 在 CorelDRAW 软件中进行 VI 设计

# 14.1 电影公司 VI 设计基础部分

### ⊕ 案例学习目标

学习在 CorelDRAW 中使用绘图工具、文本工具和对象属性面板制作 VI 设计基础部分。

### ⊕ 案例知识要点

在 CorelDRAW 中，使用矩形工具、文本工具和对象属性面板制作模板，使用复制属性命令制作标注图标的填充效果，使用矩形工具、2 点线工具和对象属性面板制作预留空间框，使用标注工具标注最小比例，使用混合工具混合矩形制作辅助色底图。VI 设计基础部分效果如图 14-1 所示。

### ⊕ 效果所在位置

资源包/Ch14/效果/电影公司 VI 设计基础部分/ VI 设计基础部分.cdr。

图 14-1

## CorelDRAW 应用

### 14.1.1 制作企业标志设计

**STEP⊿1** 打开 CorelDRAW 软件，按 Ctrl+N 组合键，新建一个 A4 页面，如图 14-2 所示。选择"布局 > 重命名页面"命令，在弹出的对话框中进行设置，如图 14-3 所示，单击"确定"按钮，重命名页面。

**STEP⊿2** 选择"矩形"工具 ▭，按住 Ctrl 键的同时，在页面上方绘制正方形。设置图形颜色的 CMYK 值为 100、0、0、0，填充图形，并去除图形的轮廓线，效果如图 14-4 所示。选择"选择"工具 ▸，将矩形拖曳到适当的位置并单击鼠标右键，复制

电影公司 VI 设计
基础部分 1

矩形，效果如图 14-5 所示。拖曳右侧中间的控制手柄到适当的位置，效果如图 14-6 所示。设置图形颜色的 CMYK 值为 100、63、0、0，填充图形，效果如图 14-7 所示。

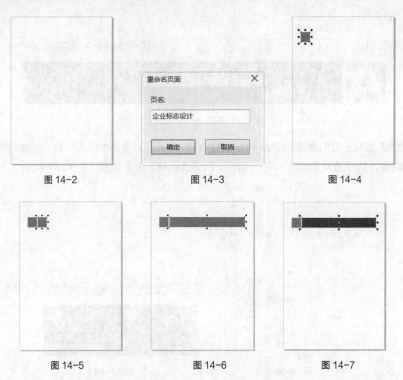

图 14-2　　　　　　　　　图 14-3　　　　　　　　　图 14-4

图 14-5　　　　　　　　　图 14-6　　　　　　　　　图 14-7

**STEP 3** 选择"文本"工具 字，在矩形上输入需要的文字，选择"选择"工具 ，在属性栏中选取适当的字体并设置文字大小，填充为白色，效果如图 14-8 所示。选择"对象 > 图框精确剪裁 > 置于图文框内部"命令，鼠标光标变为黑色箭头形状，在矩形上单击鼠标，将文字置入矩形中，效果如图 14-9 所示。

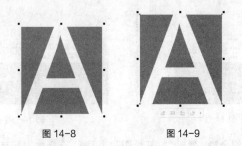

图 14-8　　　　　　　　　图 14-9

**STEP 4** 选择"文本"工具 字，在矩形上输入需要的文字，选择"选择"工具 ，在属性栏中选取适当的字体并设置文字大小，填充为白色，效果如图 14-10 所示。

图 14-10

**STEP⬆5** 选择"文本"工具 🇫 ，在矩形上输入需要的文字，选择"选择"工具 ⬚ ，在属性栏中选取适当的字体并设置文字大小。设置文字颜色的 CMYK 值为 0、0、0、80，填充文字，效果如图 14-11 所示。

图 14-11

**STEP⬆6** 选取上方的文字，按 Alt+Enter 组合键，弹出"对象属性"泊坞窗，单击"段落"按钮 ▤ ，弹出相应的泊坞窗，选项的设置如图 14-12 所示，按 Enter 键，效果如图 14-13 所示。

图 14-12

图 14-13

**STEP⬆7** 选择"2 点线"工具 ✎ ，按住 Shift 键的同时，在适当的位置绘制直线。设置轮廓线颜色的 CMYK 值为 0、0、0、80，填充直线，效果如图 14-14 所示。在属性栏中的"轮廓宽度" ⌀ .2 mm ▾ 框中设置数值为 0.35mm，按 Enter 键，效果如图 14-15 所示。

图 14-14                                          图 14-15

**STEP⬆8** 按 Ctrl+O 组合键，弹出"打开绘图"对话框，选择本书配套资源包中的"Ch03 > 效果 > 电影公司标志设计 > 电影公司标志"文件，单击"打开"按钮，打开文件。选取标志图形，按 Ctrl+C 组合键，复制图形。返回正在编辑的页面，按 Ctrl+V 组合键，粘贴图形。

**STEP⬆9** 选择"选择"工具 ⬚ ，将其拖曳到适当的位置并调整其大小，效果如图 14-16 所示。选择"矩形"工具 ▢ ，按住 Ctrl 键的同时，在适当的位置绘制正方形，如图 14-17 所示。

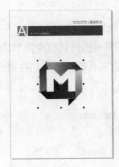

图 14-16

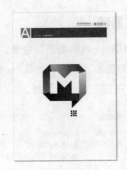

图 14-17

**STEP 10** 保持矩形的选取状态，选择“编辑 > 复制属性自”命令，弹出“复制属性”对话框，勾选“填充”复选框，如图 14-18 所示，单击“确定”按钮。页面中的光标变为黑色箭头形状，在需要的图形上单击鼠标，如图 14-19 所示，复制图形属性，并去除图形的轮廓线，效果如图 14-20 所示。

复制属性
轮廓笔(P)
轮廓色(C)
填充(F)
文本属性(T)
提示：您可以使用鼠标右键将一个对象拖动到另一个对象，来复制属性。
确定
取消
按下"确定"键后，选择要复制的对象。

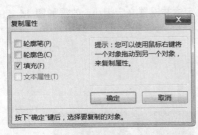

图 14-18

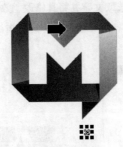

图 14-19

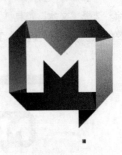

图 14-20

**STEP 11** 选择“文本”工具，在矩形的右侧输入需要的文字，选择“选择”工具，在属性栏中选取适当的字体并设置文字大小，如图 14-21 所示。单击属性栏中的“文本对齐”按钮，在弹出的面板中选择“右”，文字效果如图 14-22 所示。

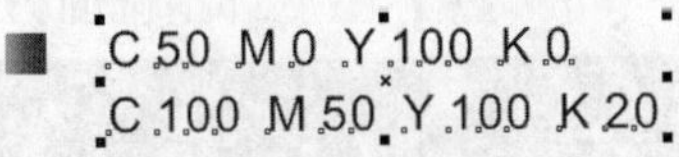

C 50 M 0 Y 100 K 0
C 100 M 50 Y 100 K 20

图 14-21

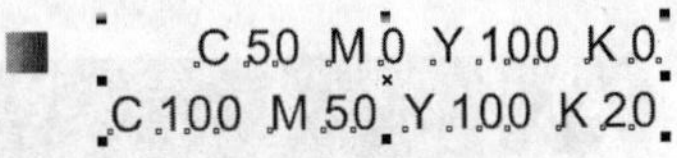

C 50 M 0 Y 100 K 0
C 100 M 50 Y 100 K 20

图 14-22

**STEP 12** 用相同的方法制作下方的色值标注，如图 14-23 所示。企业标志设计制作完成，效果如图 14-24 所示。

C 50 M 0 Y 100 K 0
C 100 M 50 Y 100 K 20
C 0 M 0 Y 100 K 0
C 0 M 80 Y 100 K0
C 0 M 95 Y 100 K 0
C 0 M 100 Y 100 K 70
C 80 M 15 Y 0 K 0
C 100 M 75 Y0 K 30

图 14-23

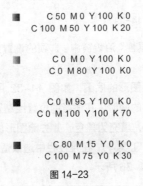

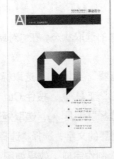

图 14-24

### 14.1.2 制作标志墨稿

**STEP▲1** 选择"布局 > 再制页面"命令，在弹出的对话框中选取需要的单选项，如图 14-25 所示，单击"确定"按钮，再制页面。选择"布局 > 重命名页面"命令，在弹出的对话框中进行设置，如图 14-26 所示，单击"确定"按钮，重命名页面。

图 14-25

图 14-26

**STEP▲2** 选择"选择"工具，选取不需要的图形和文字，如图 14-27 所示，按 Delete 键，将其删除。选择"文本"工具，选取文字并将其修改，效果如图 14-28 所示。在矩形下方拖曳文本框并输入需要的文字。选择"选择"工具，在属性栏中选取适当的字体并设置文字大小，效果如图 14-29 所示。

图 14-27

图 14-28

图 14-29

**STEP▲3** 保持文本的选取状态，在"对象属性"泊坞窗中，选项的设置如图 14-30 所示，按 Enter 键，效果如图 14-31 所示。

**STEP▲4** 选择"选择"工具，选取标志图形的底图，如图 14-32 所示，填充为黑色，效果如图 14-33 所示。选择"矩形"工具，按住 Ctrl 键的同时，在适当的位置绘制正方形，如图 14-34 所示。

**STEP▲5** 选择"选择"工具，选取矩形，填充为黑色，并去除图形的轮廓线。选择"文本"工具，在矩形的右侧输入需要的文字，选择"选择"工具，在属性栏中选取适当的字体并设置文字大小，如图 14-35 所示。标志墨稿制作完成，效果如图 14-36 所示。

图 14-30

图 14-31

为适应媒体发布的需要，标识除平面彩色稿外，也要制定黑白稿，保证标识在对外的形象中体现一致性。此为标识的标准黑白稿。使用范围主要应用于报纸广告等单色印刷范围内，使用时请严格按此规范进行。

图 14-32

图 14-33

图 14-34

C 0 M 0 Y 0 K 100

图 14-35

图 14-36

### 14.1.3 制作标志反白稿

**STEP 1** 选择"布局 > 再制页面"命令，在弹出的对话框中选取需要的单选项，如图 14-37 所示，单击"确定"按钮，再制页面。选择"布局 > 重命名页面"命令，在弹出的对话框中进行设置，如图 14-38 所示，单击"确定"按钮，重命名页面。

图 14-37

图 14-38

**STEP 2** 选择"选择"工具 ，选取不需要的图形和文字，如图 14-39 所示，按 Delete 键，将其删除。选择"文本"工具 字，选取文字并将其修改，效果如图 14-40 所示。

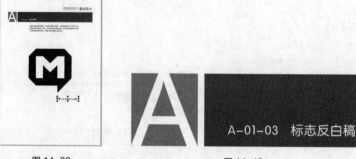

图 14-39             图 14-40

**STEP 3** 选择"文本"工具 字，选取文本框内的文字并将其修改，效果如图 14-41 所示。

图 14-41

**STEP 4** 选择"矩形"工具 ，在适当的位置绘制矩形，如图 14-42 所示。填充为黑色，并去除图形的轮廓线，效果如图 14-43 所示。

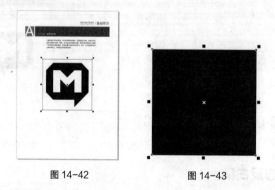

图 14-42             图 14-43

**STEP 5** 按 Shift+PageDown 组合键，将图形移到底层，效果如图 14-44 所示。选择"选择"工具 ，用圈选的方法选取需要的图形，填充为白色，效果如图 14-45 所示。

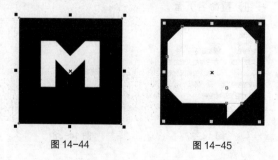

图 14-44             图 14-45

**STEP 6** 选取中间的文字，填充为黑色，效果如图 14-46 所示。标志反白稿制作完成，效果如图 14-47 所示。

图 14-46　　　　　　图 14-47

### 14.1.4　制作标志预留空间与最小比例限制

**STEP 1** 选择"布局 > 再制页面"命令，在弹出的对话框中选取需要的单选项，如图 14-48 所示，单击"确定"按钮，再制页面。选择"布局 > 重命名页面"命令，在弹出的对话框中进行设置，如图 14-49 所示，单击"确定"按钮，重命名页面。

图 14-48　　　　　　图 14-49

**STEP 2** 选择"选择"工具 ，选取不需要的图形，如图 14-50 所示，按 Delete 键，将其删除。选择"文本"工具 ，选取文字并将其修改，效果如图 14-51 所示。选择"文本"工具 ，选取文本框内的文字并将其修改，效果如图 14-52 所示。

图 14-50　　　　　　　　　　　图 14-51

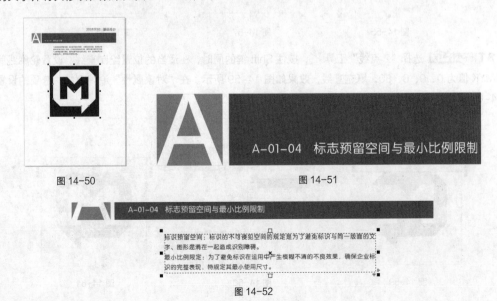

图 14-52

**STEP 3** 按 Ctrl+O 组合键，弹出"打开绘图"对话框，选择本书配套资源包中的"Ch03 > 效果 > 电影公司标志设计 > 电影公司标志"文件，单击"打开"按钮，打开文件。选取标志图形，按 Ctrl+C 组合键，复制图形。返回正在编辑的页面，按 Ctrl+V 组合键，粘贴图形。

**STEP 4** 选择"选择"工具 ⬚，将其拖曳到适当的位置并调整其大小，效果如图 14-53 所示。选择"矩形"工具 ⬚，在适当的位置绘制矩形，如图 14-54 所示。填充为白色，并去除图形的轮廓线。按 Shift+PageDown 组合键，将图形移到底层，效果如图 14-55 所示。

图 14-53　　　　　　　　　　图 14-54　　　　　　　　　　图 14-55

**STEP 5** 选择"选择"工具 ⬚，按数字键盘上的+键，复制矩形。按住 Shift 键的同时，向外拖曳控制手柄，等比例放大图形，效果如图 14-56 所示。设置图形颜色的 CMYK 值为 0、0、0、10，填充图形，设置轮廓线颜色的 CMYK 值为 0、0、0、80，填充轮廓线，效果如图 14-57 所示。按 Shift+PageDown 组合键，将图形移到底层，效果如图 14-58 所示。

图 14-56　　　　　　　　　　图 14-57　　　　　　　　　　图 14-58

**STEP 6** 选择"2 点线"工具 ✎，按住 Shift 键的同时，在适当的位置绘制直线。设置轮廓线颜色的 CMYK 值为 0、0、0、80，填充直线，效果如图 14-59 所示。在"对象属性"泊坞窗中，选项的设置如图 14-60 所示，按 Enter 键，效果如图 14-61 所示。

图 14-59　　　　　　　　　　图 14-60　　　　　　　　　　图 14-61

**STEP ↘7** 选择"选择"工具 ▶，选取虚线，将其拖曳到适当的位置，并单击鼠标右键，复制虚线，效果如图 14-62 所示。按住 Shift 键的同时，单击上方的虚线，将其同时选取，如图 14-63 所示。选择"对象 > 变换 > 旋转"命令，在弹出的面板中进行设置，如图 14-64 所示，单击"应用"按钮，效果如图 14-65 所示。

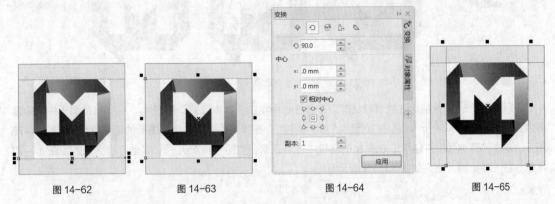

| 图 14-62 | 图 14-63 | 图 14-64 | 图 14-65 |

**STEP ↘8** 选择"文本"工具 字，在适当的位置输入需要的文字，选择"选择"工具 ▶，在属性栏中选取适当的字体并设置文字大小，如图 14-66 所示。选择"选择"工具 ▶，选取文字，将其拖曳到适当的位置，并单击鼠标右键，复制文字，效果如图 14-67 所示。

**STEP ↘9** 再次复制文字，并单击属性栏中的"将文本更改为垂直方向"按钮 Ⅲ，垂直排列文字，拖曳到适当的位置，效果如图 14-68 所示。选择"文本"工具 字，在适当的位置输入需要的文字，选择"选择"工具 ▶，在属性栏中选取适当的字体并设置文字大小，如图 14-69 所示。

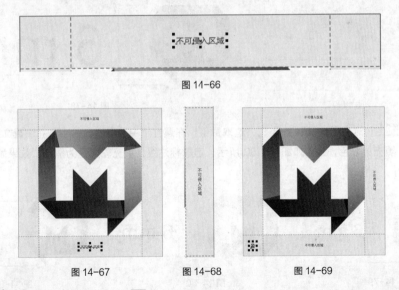

图 14-66

| 图 14-67 | 图 14-68 | 图 14-69 |

**STEP ↘10** 选择"选择"工具 ▶，选取需要的图形，将其拖曳到适当的位置，并单击鼠标右键，复制图形，调整其大小，效果如图 14-70 所示。选择"平行度量"工具 ✐，在适当的位置单击，如图 14-71 所示，按住鼠标左键将光标移动到适当的位置，如图 14-72 所示，松开鼠标，向右侧拖曳光标，如图 14-73 所示，单击鼠标，标注图形。

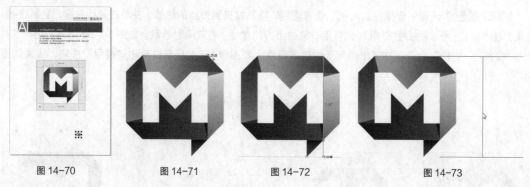

图 14-70　　　　　　图 14-71　　　　　　图 14-72　　　　　　图 14-73

**STEP 11** 保持标注的选取状态。在属性栏中单击"文本位置"按钮，在弹出的面板中选择需要的选项，如图 14-74 所示。单击"双箭头"右侧的按钮，在弹出的面板中选择需要的箭头形状，如图 14-75 所示。单击"延伸线"按钮，在弹出的面板中进行设置，如图 14-76 所示，其他选项的设置如图 14-77 所示，按 Enter 键，效果如图 14-78 所示。

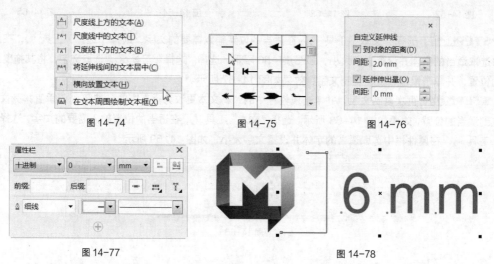

图 14-74　　　　　　　　　图 14-75　　　　　　　　图 14-76

图 14-77　　　　　　　　　　　　　图 14-78

**STEP 12** 选择"选择"工具，选取数值，在属性栏中选取适当的字体并设置文字大小，如图 14-79 所示。填充为黑色，效果如图 14-80 所示。选取标注线，填充轮廓色为黑色，效果如图 14-81 所示。

图 14-79　　　　　　　　　图 14-80　　　　　　　　图 14-81

**STEP 13** 选择"文本"工具，在适当的位置输入需要的文字，选择"选择"工具，在属性栏中选取适当的字体并设置文字大小，如图 14-82 所示。标志预留空间与最小比例限制制作完成，效果如图 14-83 所示。

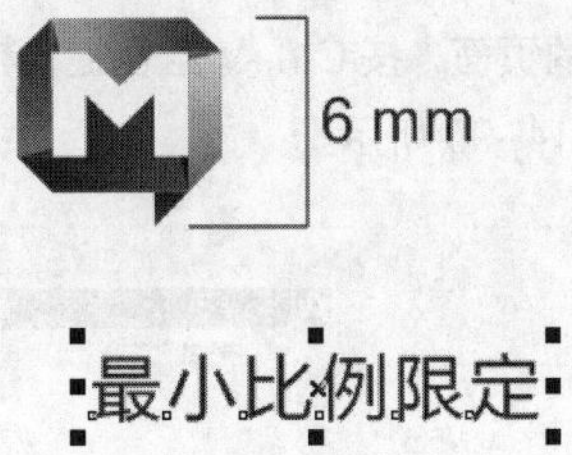

6 mm
最小比例限定

图 14-82

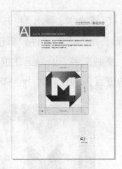

图 14-83

### 14.1.5 制作企业全称中文字体

**STEP 1** 选择“布局 > 再制页面”命令，在弹出的对话框中选取需要的单选项，如图 14-84 所示，单击“确定”按钮，再制页面。选择“布局 > 重命名页面”命令，在弹出的对话框中进行设置，如图 14-85 所示，单击“确定”按钮，重命名页面。

电影公司 VI 设计
基础部分 2

**STEP 2** 选择“选择”工具，选取不需要的标志和文字，如图 14-86 所示，按 Delete 键，将其删除。选择“文本”工具，选取文字并将其修改，效果如图 14-87 所示。选择“文本”工具，选取文本框内的文字并将其修改，效果如图 14-88 所示。

再制页面
再制页面: 4: 标志预留空间与最小比例限制
插入新页面: 在选定的页面之前
在选定的页面之后
仅复制图层
复制图层及其内容
确定
取消

图 14-84

重命名页面
页名:
企业全称中文字体
确定
取消

图 14-85

图 14-86

A
A-02-01 企业全称中文字体

图 14-87

A
A-02-01 企业全称中文字体
为准确体现企业标识形象，将定中文名称全称专用字体、字宽、字高和字距都经过调整，不得随意更改。
专用标准字在组合规范的使用中能起到整体协调的作用，进而增强企业形象的视觉识别效果，体现企业的特色与内涵。

图 14-88

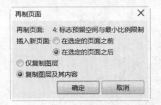

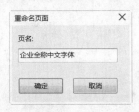

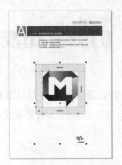

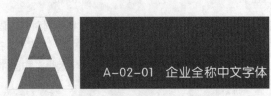

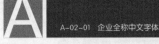

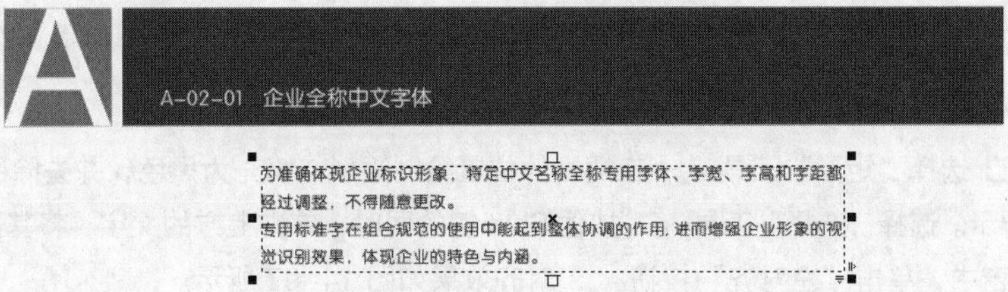

**STEP 3** 按 Ctrl+O 组合键，弹出"打开绘图"对话框，选择本书配套资源包中的"Ch03 > 效果 > 电影公司标志设计 > 电影公司标志"文件，单击"打开"按钮，打开文件。选取标志文字，如图 14-89 所示。按 Ctrl+C 组合键，复制文字。返回正在编辑的页面，按 Ctrl+V 组合键，粘贴文字。选择"选择"工具，将其拖曳到适当的位置并调整其大小，如图 14-90 所示。

图 14-89                     图 14-90

**STEP 4** 选择"文本"工具，在适当的位置输入需要的文字，选择"选择"工具，在属性栏中选取适当的字体并设置文字大小，如图 14-91 所示。用圈选的方法将两个文字同时选取，按 Ctrl+Shift+A 组合键，弹出"对齐与分布"泊坞窗，单击需要的按钮，如图 14-92 所示，对齐效果如图 14-93 所示。

图 14-91                    图 14-92                     图 14-93

**STEP 5** 选择"矩形"工具，按住 Ctrl 键的同时，在适当的位置绘制正方形。填充为黑色，并去除图形的轮廓线，效果如图 14-94 所示。选择"文本"工具，在矩形的右侧输入需要的文字，选择"选择"工具，在属性栏中选取适当的字体并设置文字大小，如图 14-95 所示。

图 14-94                     图 14-95

**STEP 6** 选择"矩形"工具，在适当的位置绘制矩形，填充为黑色，并去除图形的轮廓线，效果如图 14-96 所示。选择"选择"工具，按住 Shift 键的同时，单击上方的文字，将其同时选取。在"对齐与分布"泊坞窗中，单击"左对齐"按钮，对齐效果如图 14-97 所示。

图 14-96

图 14-97

**STEP7** 选择"选择"工具 ，选取需要的文字，将其拖曳到适当的位置，并单击鼠标右键，复制文字，调整其大小并填充为白色，效果如图 14-98 所示。选择"文本"工具 ，在适当的位置输入需要的文字，选择"选择"工具 ，在属性栏中选取适当的字体并设置文字大小，如图 14-99 所示。

**STEP8** 选择"选择"工具 ，按住 Shift 键的同时，单击下方的矩形，将其同时选取。在"对齐与分布"泊坞窗，单击"左对齐"按钮 ，对齐效果如图 14-100 所示。企业全称中文字体制作完成，效果如图 14-101 所示。

图 14-98

图 14-99

图 14-100

图 14-101

### 14.1.6 制作企业标准色

**STEP1** 选择"布局 > 再制页面"命令，在弹出的对话框中选取需要的单选项，如图 14-102 所示，单击"确定"按钮，再制页面。选择"布局 > 重命名页面"命令，在弹出的对话框中进行设置，如图 14-103 所示，单击"确定"按钮，重命名页面。

图 14-102

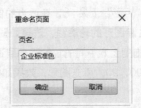
图 14-103

**STEP 2** 选择"选择"工具 ，选取不需要的标志和文字，如图 14-104 所示，按 Delete 键，将其删除。选择"文本"工具 ，选取文字并将其修改，效果如图 14-105 所示。选择"文本"工具 ，选取文本框内的文字并将其修改，效果如图 14-106 所示。

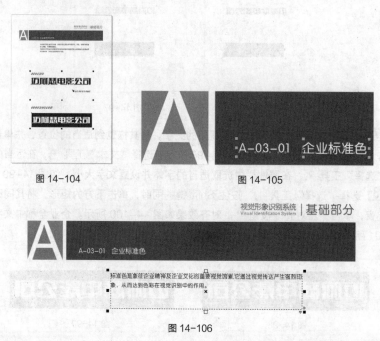

图 14-104                图 14-105

图 14-106

**STEP 3** 按 Ctrl+O 组合键，弹出"打开绘图"对话框，选择本书配套资源包中的"Ch03 > 效果 > 电影公司标志设计 > 电影公司标志"文件，单击"打开"按钮，打开文件。选取标志和文字，如图 14-107 所示。按 Ctrl+C 组合键，复制文字。返回正在编辑的页面，按 Ctrl+V 组合键，粘贴文字。选择"选择"工具 ，将其拖曳到适当的位置并调整其大小，效果如图 14-108 所示。

图 14-107                图 14-108

**STEP 4** 选择"矩形"工具 ，在适当的位置绘制矩形。设置图形颜色的 CMYK 值为 50、0、100、0，填充图形，并去除图形的轮廓线，效果如图 14-109 所示。选择"选择"工具 ，按数字键盘上的+键，复制矩形，向下拖曳上方中间的控制手柄到适当的位置，效果如图 14-110 所示。设置图形颜色的 CMYK 值为 100、50、100、20，填充图形，效果如图 14-111 所示。

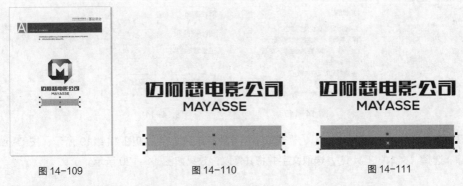

图 14-109　　　　　　图 14-110　　　　　　图 14-111

**STEP 5** 选择"文本"工具，在矩形上输入需要的文字，选择"选择"工具，在属性栏中选取适当的字体并设置文字大小，填充文字为白色，效果如图 14-112 所示。在"对象属性"泊坞窗中，选项的设置如图 14-113 所示，按 Enter 键，效果如图 14-114 所示。

图 14-112　　　　　　　　图 14-113　　　　　　　　图 14-114

**STEP 6** 用相同的方法制作其他色块和色值，如图 14-115 所示。企业标准色制作完成，效果如图 14-116 所示。

图 14-115　　　　　　图 14-116

### 14.1.7　制作企业辅助色

**STEP 1** 选择"布局 > 再制页面"命令，在弹出的对话框中选取需要的单选项，如图 14-117 所示，单击"确定"按钮，再制页面。选择"布局 > 重命名页面"命令，在弹出的对话框中进行设置，如图 14-118 所示，单击"确定"按钮，重命名页面。

图 14-117 　　　　　　　　　　图 14-118

**STEP 2** 选择"选择"工具 ，选取不需要的标志和文字，如图 14-119 所示，按 Delete 键，将其删除。选择"文本"工具 ，选取文字并将其修改，效果如图 14-120 所示。

图 14-119 　　　　　　　　　　图 14-120

**STEP 3** 选择"文本"工具 ，选取文本框内的文字并将其修改，效果如图 14-121 所示。选择"矩形"工具 ，在适当的位置绘制矩形。设置图形颜色的 CMYK 值为 60、0、20、20，填充图形，并去除图形的轮廓线，效果如图 14-122 所示。选择"选择"工具 ，按住 Shift 键的同时，将矩形垂直向下拖曳到适当的位置并单击鼠标右键，复制矩形，效果如图 14-123 所示。设置矩形颜色的 CMYK 值为 0、0、0、30，填充图形，效果如图 14-124 所示。

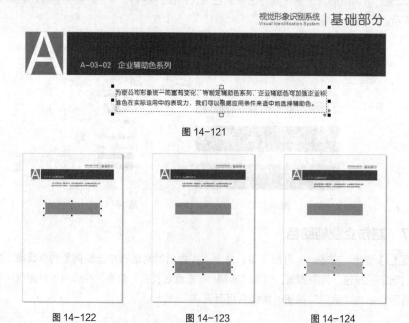

图 14-121

图 14-122 　　　　　　　图 14-123 　　　　　　　图 14-124

**STEP▶4** 选择"调和"工具 ，在上方矩形上单击并按住鼠标左键拖曳到下方的图形上，松开鼠标，调整效果如图 14-125 所示。在属性栏中的设置如图 14-126 所示，按 Enter 键，调和效果如图 14-127所示。

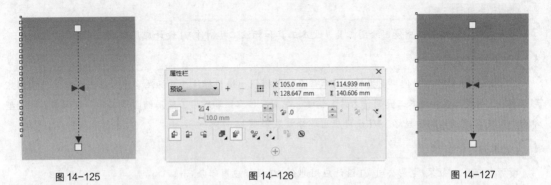

图 14-125　　　　　　　　　　　　图 14-126　　　　　　　　　　　　图 14-127

**STEP▶5** 选择"对象 > 拆分调和群组"命令，拆分调和图形。选择"选择"工具 ，选取需要的图形，单击属性栏中的"取消组合所有对象"按钮 ，取消所有图形的组合，如图 14-128 所示。

**STEP▶6** 选择"选择"工具 ，选取需要的矩形，设置填充颜色的 CMYK 值为 0、100、60、0，填充图形，效果如图 14-129 所示。用相同的方法分别填充矩形适当的颜色，效果如图 14-130 所示。

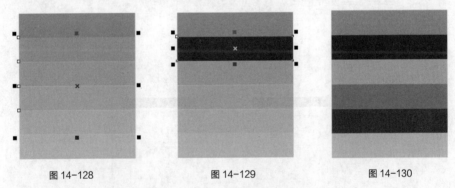

图 14-128　　　　　　　　　　　　图 14-129　　　　　　　　　　　　图 14-130

**STEP▶7** 选择"文本"工具 ，在矩形上输入需要的文字，选择"选择"工具 ，在属性栏中选取适当的字体并设置文字大小，填充文字为白色，效果如图 14-131 所示。用相同的方法在其他色块上输入色值，如图 14-132 所示。企业辅助色制作完成，效果如图 14-133 所示。

图 14-131　　　　　　　　　　　　图 14-132　　　　　　　　　　　　图 14-133

## 14.2 电影公司 VI 设计应用部分

**案例学习目标**

学习在 CorelDRAW 中使用绘图工具、文本工具和标注工具制作 VI 设计应用部分。

**案例知识要点**

在 CorelDRAW 中，使用图框精确剪裁命令制作模板，使用标注工具标注名片、信纸和信封，使用矩形工具、2 点线工具和文本工具制作名片、信纸、信封、传真纸和胸卡，使用椭圆形工具、矩形工具、造型命令和填充工具制作胸卡挂环。VI 设计应用部分效果如图 14-134 所示。

**效果所在位置**

资源包/Ch14/效果/电影公司 VI 设计应用部分/VI 设计应用部分.cdr。

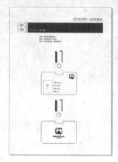

图 14-134

## CorelDRAW 应用

### 14.2.1 制作企业名片

**STEP 1** 打开 CorelDRAW 软件，按 Ctrl+N 组合键，新建一个 A4 页面。选择"布局 > 重命名页面"命令，在弹出的对话框中进行设置，如图 14-135 所示，单击"确定"按钮，重命名页面。

**STEP 2** 按 Ctrl+O 组合键，弹出"打开绘图"对话框，选择本书配套资源包中的"Ch14 > 效果 > 企业 VI 设计基础部分 > 企业 VI 设计基础部分"文件，单击"打开"按钮，打开文件。选取需要的图形，按 Ctrl+C 组合键，复制图形。返回正在编辑的页面，按 Ctrl+V 组合键，粘贴图形，效果如图 14-136 所示。

电影公司 VI 设计
应用部分 1

图 14-135　　　　　　　　　　图 14-136

**STEP 3** 选择"选择"工具 ，选取需要的图形，设置填充颜色的 CMYK 值为 0、20、100、0，填充图形，效果如图 14-137 所示。单击下方的"选择 PowerClip 内容"按钮 ，进入编辑模式，选择"文本"工具 ，修改文字，效果如图 14-138 所示。

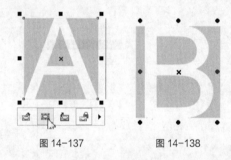

图 14-137　　　　　　　　　　图 14-138

**STEP 4** 选择"文本"工具 ，选取文字并将其修改，效果如图 14-139 所示。用相同的方法修改右侧的文字，效果如图 14-140 所示。

图 14-139　　　　　　　　　　图 14-140

**STEP 5** 选择"文本"工具 ，在矩形下方拖曳文本框并输入需要的文字。选择"选择"工具 ，在属性栏中选取适当的字体并设置文字大小，效果如图 14-141 所示。按 Alt+Enter 组合键，弹出"对象属性"泊坞窗，单击"段落"按钮 ，弹出相应的泊坞窗，选项的设置如图 14-142 所示，按 Enter 键，效果如图 14-143 所示。

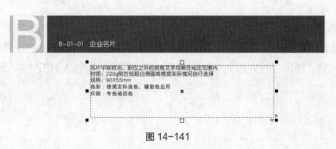

图 14-141

图 14-142

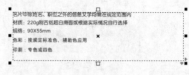

图 14-143

**STEP 6** 选择"矩形"工具 □，在属性栏中的设置如图 14-144 所示，在适当的位置绘制矩形，如图 14-145 所示。填充图形为白色，并设置轮廓线颜色的 CMYK 值为 0、0、0、10，填充图形轮廓线，效果如图 14-146 所示。

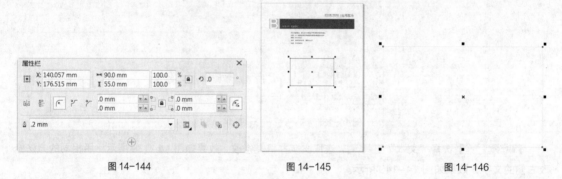

图 14-144　　　　　　　　　　图 14-145　　　　　　　　　　图 14-146

**STEP 7** 选择"选择"工具 ，按数字键盘上的+键，复制矩形，向下拖曳上方中间的控制手柄到适当的位置，效果如图 14-147 所示。设置图形颜色的 CMYK 值为 0、0、0、40，填充图形，效果如图 14-148 所示。

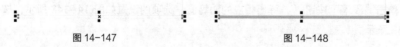

图 14-147　　　　　　　　　　　　　　图 14-148

**STEP 8** 选择"文本"工具 字，在适当的位置分别输入需要的文字，选择"选择"工具 ，在属性栏中分别选取适当的字体并设置文字大小，如图 14-149 所示。用圈选的方法将两个文字同时选取，按 Ctrl+Shift+A 组合键，弹出"对齐与分布"泊坞窗，单击需要的按钮，如图 14-150 所示，对齐效果如图 14-151 所示。

图 14-149　　　　　　　　图 14-150　　　　　　　　图 14-151

**STEP⬇9** 选择 "选择" 工具 ，选取需要的文字。在 "对象属性" 泊坞窗中，选项的设置如图 14-152 所示，按 Enter 键，效果如图 14-153 所示。

图 14-152　　　　　　　　　　图 14-153

**STEP⬇10** 按 Ctrl+O 组合键，弹出 "打开绘图" 对话框，选择本书配套资源包中的 "Ch03 > 效果 > 电影公司标志设计 > 电影公司标志" 文件，单击 "打开" 按钮，打开文件。选取标志和文字，按 Ctrl+C 组合键，复制文字。返回正在编辑的页面，按 Ctrl+V 组合键，粘贴文字。

**STEP⬇11** 选择 "选择" 工具 ，将其拖曳到适当的位置并调整其大小，效果如图 14-154 所示。 选取背景矩形，将其拖曳到适当的位置并单击鼠标右键，复制矩形，效果如图 14-155 所示。

图 14-154　　　　　　　　　　图 14-155

**STEP⬇12** 选择 "选择" 工具 ，设置图形颜色的 CMYK 值为 0、0、0、10，填充图形，效果如图 14-156 所示。按 Ctrl+PageDown 组合键，后移图形，效果如图 14-157 所示。

**STEP⬇13** 选择 "选择" 工具 ，选取名片，按数字键盘上的+键，复制名片，并向下拖曳到适当的位置，效果如图 14-158 所示。选择 "选择" 工具 ，选取不需要的文字，如图 14-159 所示，按 Delete 键，将其删除。

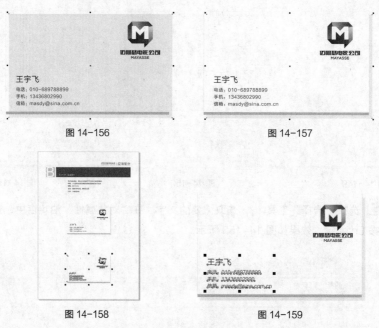

图 14-156　　　　　　　　　　图 14-157

图 14-158　　　　　　　　　　图 14-159

**STEP 14** 选择"选择"工具 ，选取需要的图形，设置图形颜色的 CMYK 值为 0、0、0、10，填充图形，效果如图 14-160 所示。选取标志和文字，调整其位置和大小，效果如图 14-161 所示。

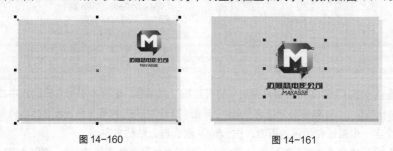

图 14-160　　　　　　　　　　图 14-161

**STEP 15** 选择"平行度量"工具 ，在适当的位置单击，如图 14-162 所示，按住鼠标左键将光标移动到适当的位置，如图 14-163 所示，松开鼠标，向下拖曳光标，单击鼠标标注图形，如图 14-164 所示。保持标注的选取状态。在属性栏中单击"文本位置"按钮 ，在弹出的面板中选择需要的选项，如图 14-165 所示。

**STEP 16** 单击"延伸线"按钮 ，在弹出的面板中进行设置，如图 14-166 所示。单击"双箭头"右侧的按钮，在弹出的面板中选择需要的箭头形状，如图 14-167 所示。其他选项的设置如图 14-168 所示，按 Enter 键，效果如图 14-169 所示。

图 14-162　　　　　　　　　　图 14-163

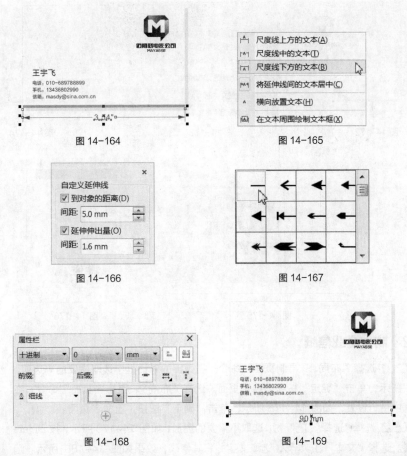

图 14-164　　　　　　　　　图 14-165

图 14-166　　　　　　　　　图 14-167

图 14-168　　　　　　　　　图 14-169

**STEP 17** 选择"选择"工具 ，选取数值，在属性栏中选取适当的字体并设置文字大小，填充为黑色，效果如图 14-170 所示。选取标注线，填充轮廓色为黑色，效果如图 14-171 所示。

图 14-170　　　　　　　　　图 14-171

**STEP 18** 用上述方法制作左侧的标注，如图 14-172 所示。选取标注，在属性栏中单击"文本位置"按钮 ，在弹出的面板中选择需要的选项，如图 14-173 所示，标注效果如图 14-174 所示。

**STEP 19** 用相同的方法标注名片背面图形，如图 14-175 所示。企业名片制作完成，效果如图 14-176 所示。

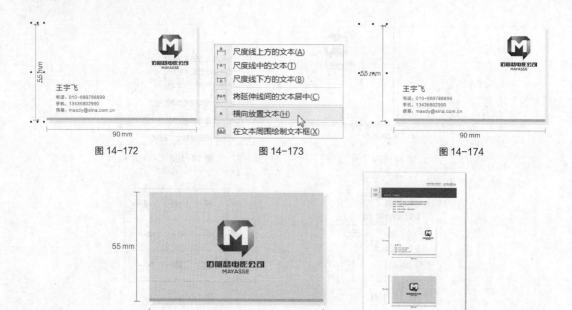

图 14-172　　　　　　　　图 14-173　　　　　　　　图 14-174

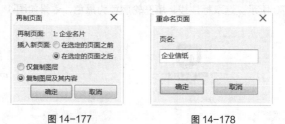

图 14-175　　　　　　　　　　　图 14-176

### 14.2.2　制作企业信纸

**STEP 1** 选择"布局 > 再制页面"命令，在弹出的对话框中选取需要的单选项，如图 14-177 所示，单击"确定"按钮，再制页面。选择"布局 > 重命名页面"命令，在弹出的对话框中进行设置，如图 14-178 所示，单击"确定"按钮，重命名页面。

**STEP 2** 选择"选择"工具 ，选取不需要的图形，如图 14-179 所示，按 Delete 键，将其删除。选择"文本"工具 ，选取文字并将其修改，效果如图 14-180 所示。选择"文本"工具 ，选取文本框内的文字并将其修改，效果如图 14-181 所示。

电影公司 VI 设计
应用部分 2

图 14-177　　　　　　　　图 14-178

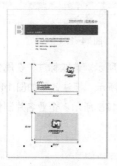

图 14-179

图 14-180

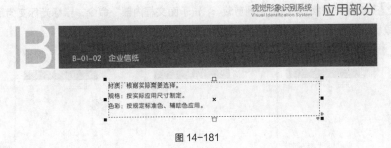

图 14-181

**STEP 3** 双击"矩形"工具 ▢，绘制一个与页面大小相等的矩形，如图 14-182 所示。在属性栏中的"对象原点"按钮 ▦ 上修改参考点，其他选项的设置如图 14-183 所示，按 Enter 键，效果如图 14-184 所示。

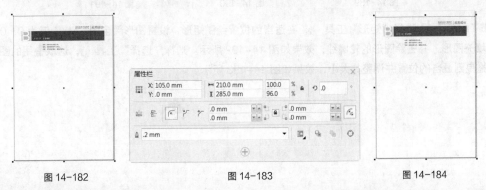

图 14-182　　　　　　　　　　图 14-183　　　　　　　　　　图 14-184

**STEP 4** 选择"选择"工具 ▨，按住 Shift 键的同时，等比例缩小图形，如图 14-185 所示。填充图形为白色，并设置轮廓线颜色的 CMYK 值为 0、0、0、10，填充图形轮廓线，效果如图 14-186 所示。

**STEP 5** 按 Ctrl+O 组合键，弹出"打开绘图"对话框，选择本书配套资源包中的"Ch03 > 效果 > 电影公司标志设计 > 电影公司标志"文件，单击"打开"按钮，打开文件。选取标志图形，按 Ctrl+C 组合键，复制图形。返回止在编辑的页面，按 Ctrl+V 组合键，粘贴图形，如图 14-187 所示。选择"选择"工具 ▨，按数字键盘上的+键，复制图形，拖曳到适当的位置备用。选取标志图形的底图，设置图形颜色的 CMYK 值为 0、0、0、10，填充图形，效果如图 14-188 所示。

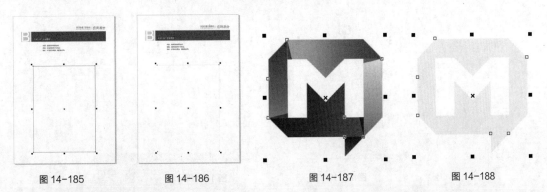

图 14-185　　　　　图 14-186　　　　　　图 14-187　　　　　　图 14-188

**STEP 6** 选择"选择"工具 ▨，用圈选的方法将标志图形同时选取，按 Ctrl+G 组合键，群组图形，并拖曳到适当的位置，效果如图 14-189 所示。在属性栏中的"旋转角度" ⊙.⁰ 框中设置数值为 333.9°，按 Enter 键，效果如图 14-190 所示。

**STEP 7** 选择"对象 > 图框精确剪裁 > 置于图文框内部"命令，鼠标光标变为黑色箭头形状，在矩形上单击鼠标，将标志图形置入矩形中，效果如图 3-191 所示。

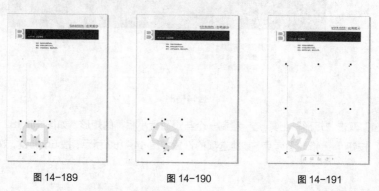

图 14-189          图 14-190          图 14-191

**STEP 8** 选择"矩形"工具 □，在适当的位置绘制矩形，设置图形颜色的 CMYK 值为 0、0、0、40，填充图形，并去除图形的轮廓线，效果如图 14-192 所示。选择"选择"工具 ▶，选取备用的图标图形，拖曳到适当的位置并调整其大小，效果如图 14-193 所示。

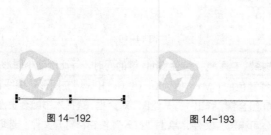

图 14-192          图 14-193

**STEP 9** 选择"2 点线"工具 ✐，按住 Shift 键的同时，在适当的位置绘制直线，如图 14-194 所示。设置轮廓线颜色的 CMYK 值为 0、0、0、40，填充直线。在属性栏中的"轮廓宽度" .2 mm ▼ 框中设置数值为 0.25mm，按 Enter 键，效果如图 14-195 所示。

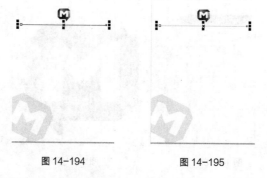

图 14-194          图 14-195

**STEP 10** 选择"文本"工具 字，在适当的位置输入需要的文字，选择"选择"工具 ▶，在属性栏中选取适当的字体并设置文字大小，如图 14-196 所示。

地址：北京市中关村南大街65号C区 电话：010-661234567 电子信箱：masdy@sina.com.cn 邮政编码：100000

图 14-196

**STEP 11** 选择“平行度量”工具，在适当的位置单击，按住鼠标左键将光标移动到适当的位置，松开鼠标，向上拖曳光标并单击鼠标，标注图形，如图 14-197 所示。

**STEP 12** 在属性栏中单击“文本位置”按钮，在弹出的面板中选择需要的选项，如图 14-198 所示。单击“延伸线”按钮，在弹出的面板中进行设置，如图 14-199 所示。单击“双箭头”右侧的按钮，在弹出的面板中选择需要的箭头形状，如图 14-200 所示。其他选项的设置如图 14-201 所示，按 Enter 键，效果如图 14-202 所示。

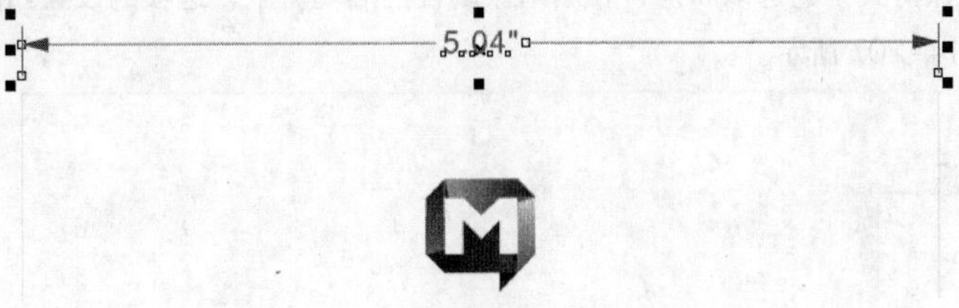
5.04"

图 14-197

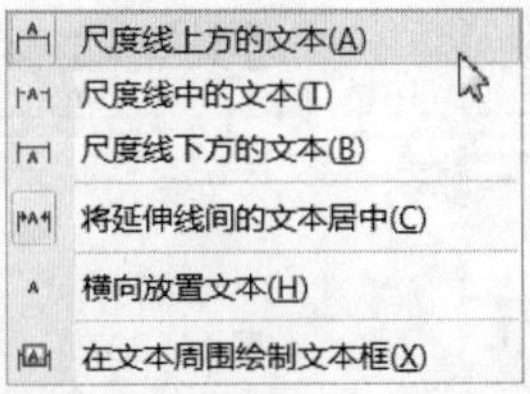
尺度线上方的文本(A)
尺度线中的文本(I)
尺度线下方的文本(B)
将延伸线间的文本居中(C)
横向放置文本(H)
在文本周围绘制文本框(X)

图 14-198

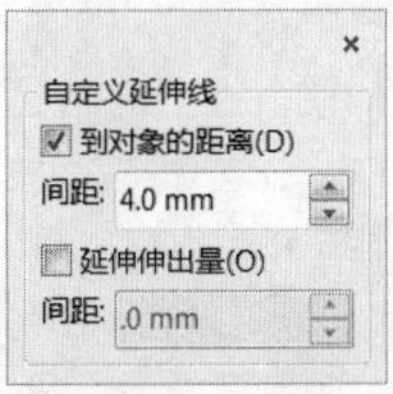
自定义延伸线
到对象的距离(D)
间距: 4.0 mm
延伸伸出量(O)
间距: .0 mm

图 14-199

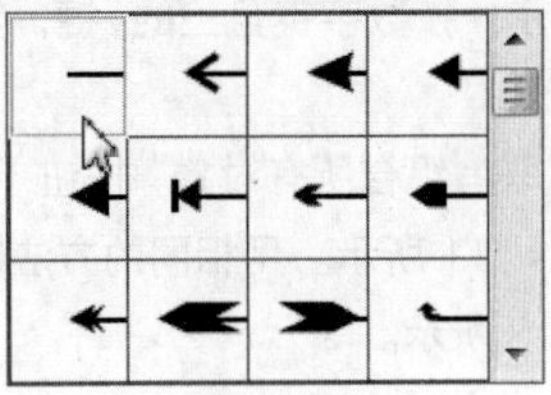

图 14-200

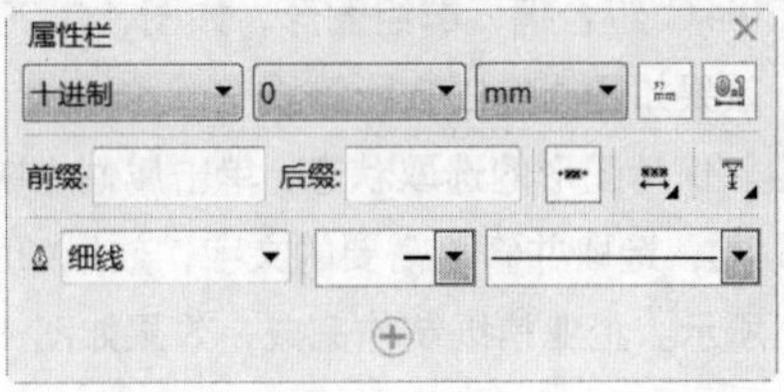
属性栏
十进制
0
mm
前缀:
后缀:
细线

图 14-201

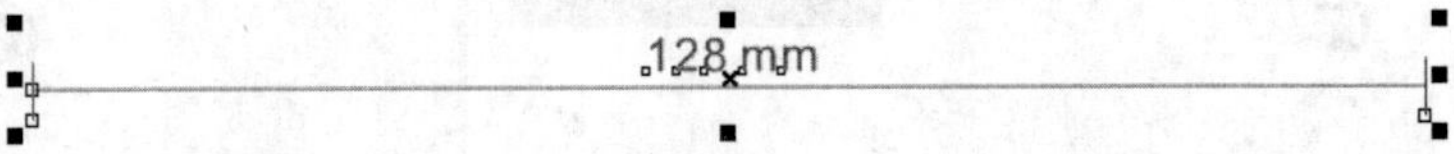
128 mm

图 14-202

**STEP 13** 选择“选择”工具，选取标注线，填充轮廓色为黑色，效果如图 14-203 所示。选取数值，在属性栏中选取适当的字体并设置文字大小，填充为黑色，效果如图 14-204 所示。选择“文本”工具，选取并修改需要的文字，效果如图 14-205 所示。

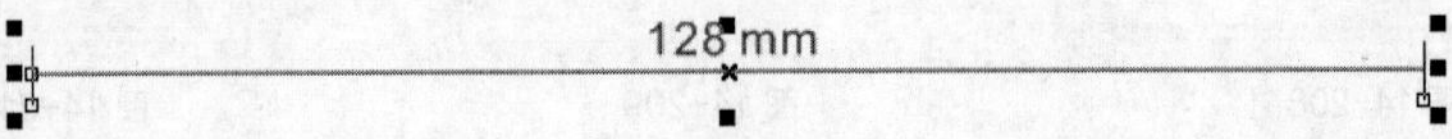
128 mm

图 14-203

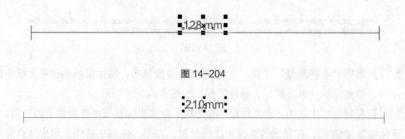

图 14-204

图 14-205

**STEP 14** 保持文字的选取状态，在"对象属性"泊坞窗中，选项的设置如图 14-206 所示，按 Enter 键，效果如图 14-207 所示。

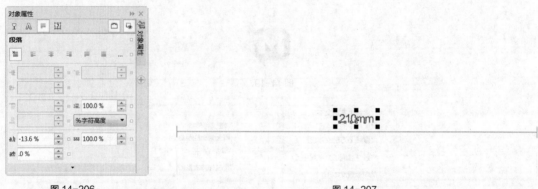

图 14-206                                    图 14-207

**STEP 15** 用相同的方法标注左侧，效果如图 14-208 所示。选择"选择"工具 ，将需要的图形同时选取，按 Ctrl+C 组合键，群组图形，如图 14-209 所示。按数字键盘上的+键，复制群组图形，调整其大小和位置，效果如图 14-210 所示。

**STEP 16** 保持图形的选取状态，单击属性栏中的"取消组合所有对象"按钮 ，取消群组对象。选择"文本"工具 ，选取并修改需要的文字，效果如图 14-211 所示。用相同的方法修改左侧的文字，效果如图 14-212 所示。企业信纸制作完成，效果如图 14-213 所示。

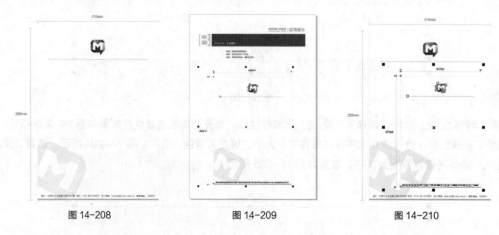

图 14-208                    图 14-209                    图 14-210

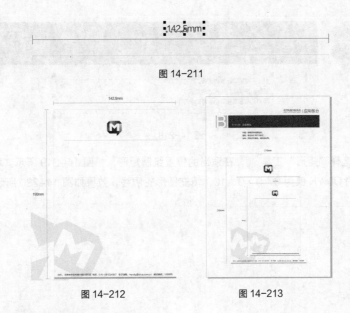

图 14-211

图 14-212　　　　　　　图 14-213

### 14.2.3　制作五号信封

**STEP 1** 选择"布局 > 再制页面"命令，在弹出的对话框中选取需要的单选项，如图 14-214
所示，单击"确定"按钮，再制页面。选择"布局 > 重命名页面"命令，在弹出的对话框中进行设置，如
图 14-215 所示，单击"确定"按钮，重命名页面。

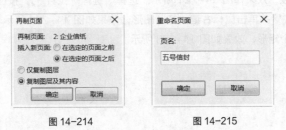

图 14-214　　　　　　　图 14-215

**STEP 2** 选择"选择"工具 ，选取不需要的图形，如图 14-216 所示，按 Delete 键，将其删
除。选择"文本"工具 字，选取文字并将其修改，效果如图 14-217 所示。选择"文本"工具 字，选取文
本框内的文字并将其修改，效果如图 14-218 所示。

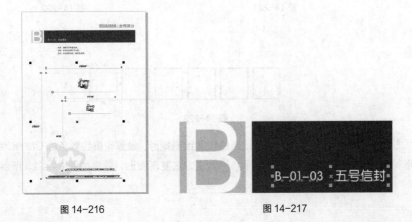

图 14-216　　　　　　　图 14-217

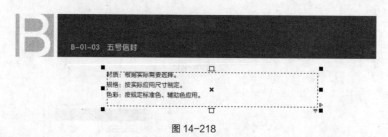

图 14-218

**STEP 3** 选择"矩形"工具 □，在适当的位置绘制矩形，如图 14-219 所示。填充图形为白色，并设置轮廓线颜色的 CMYK 值为 0、0、0、10，填充图形轮廓线，效果如图 14-220 所示。

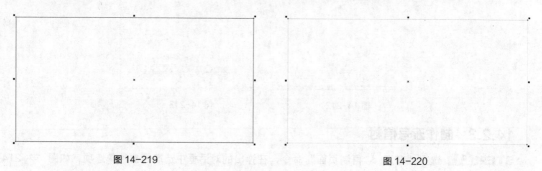

图 14-219                      图 14-220

**STEP 4** 选择"矩形"工具 □，在适当的位置绘制矩形。设置轮廓线颜色的 CMYK 值为 0、100、100、0，填充图形轮廓线，效果如图 14-221 所示。选择"选择"工具 ▷，按住 Shift 键的同时，将矩形水平向右拖曳到适当的位置并单击鼠标右键，复制图形，效果如图 14-222 所示。按住 Ctrl 键的同时，连续点按 D 键，再制出多个矩形，效果如图 14-223 所示。

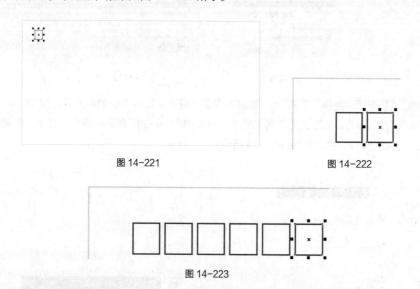

图 14-221                      图 14-222

图 14-223

**STEP 5** 选择"矩形"工具 □，在适当的位置绘制矩形，设置轮廓线颜色的 CMYK 值为 0、0、0、20，填充图形轮廓线，效果如图 14-224 所示。用上述方法复制图形，效果如图 14-225 所示。

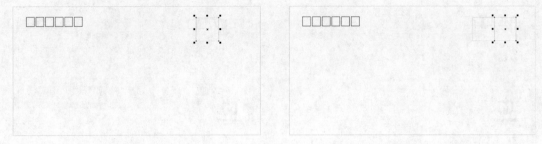

图 14-224                                                                  图 14-225

**STEP 6** 选择"选择"工具 ，选取左侧的矩形，在"对象属性"泊坞窗中，单击"线条样式"选项右侧的按钮，在弹出的面板中选择需要的样式，如图 14-226 所示，效果如图 14-227 所示。选择"文本"工具 ，在适当的位置输入需要的文字，选择"选择"工具 ，在属性栏中选取适当的字体并设置文字大小，如图 14-228 所示。

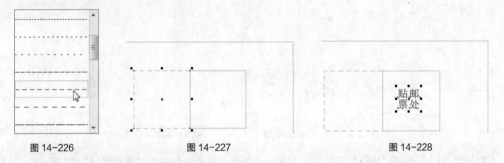

图 14-226                            图 14-227                            图 14-228

**STEP 7** 保持文字的选取状态，在"对象属性"泊坞窗中，选项的设置如图 14-229 所示，按 Enter 键，效果如图 14-230 所示。

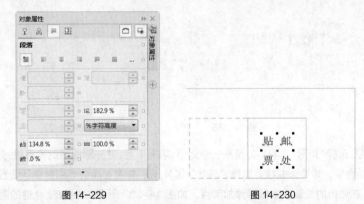

图 14-229                                       图 14-230

**STEP 8** 按 Ctrl+O 组合键，弹出"打开绘图"对话框，选择本书配套资源包中的"Ch03 > 效果 > 电影公司标志设计 > 电影公司标志"文件，单击"打开"按钮，打开文件。选取标志图形，按 Ctrl+C 组合键，复制标志图形。返回正在编辑的页面，按 Ctrl+V 组合键，粘贴标志图形。

**STEP 9** 选择"选择"工具 ，将其拖曳到适当的位置并调整其大小，效果如图 14-231 所示。选择"矩形"工具 ，在适当的位置绘制矩形，设置轮廓线颜色的 CMYK 值为 0、0、0、20，填充图形轮廓线，效果如图 14-232 所示。

图 14-231

图 14-232

**STEP 10** 选择"选择"工具 ，选取矩形，在"对象属性"泊坞窗中，单击"线条样式"选项右侧的按钮，在弹出的面板中选择需要的样式，如图 14-233 所示，效果如图 14-234 所示。

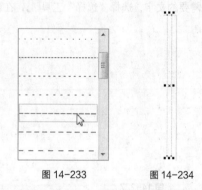

图 14-233          图 14-234

**STEP 11** 选择"矩形"工具 ，绘制一个矩形，在属性栏中的"圆角半径" 框中进行设置，如图 14-235 所示。设置轮廓线颜色的 CMYK 值为 0、0、0、20，填充图形轮廓线，效果如图 14-236 所示。

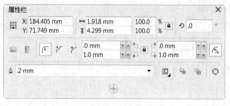

图 14-235                    图 14-236

**STEP 12** 选择"矩形"工具 ，绘制一个矩形，填充黑色，并去除图形的轮廓线，效果如图 14-237 所示。按 Ctrl+Q 组合键，转换为曲线。选择"形状"工具 ，将左上角的节点拖曳到适当的位置，效果如图 14-238 所示。在适当的位置双击鼠标添加节点，如图 14-239 所示。按住 Shift 键的同时，单击左下角的节点，将其同时选取，拖曳到适当的位置，效果如图 14-240 所示。

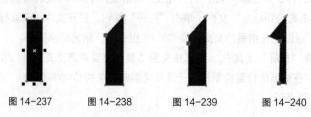

图 14-237          图 14-238          图 14-239          图 14-240

**STEP 13** 选择"选择"工具 ，将图形拖曳到适当的位置，效果如图 14-241 所示。选择"文本"工具 ，输入需要的文字。选择"选择"工具 ，在属性栏中选取适当的字体并设置文字大小，效果如图 14-242 所示。单击属性栏中的"将文本更改为垂直方向"按钮 ，垂直排列文字，并拖曳到适当的位置，效果如图 14-243 所示。

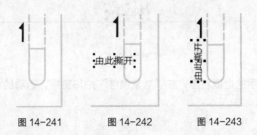

图 14-241　　　　图 14-242　　　　图 14-243

**STEP 14** 信封正面绘制完成，效果如图 14-244 所示。选择"平行度量"工具 ，在适当的位置进行标注，如图 14-245 所示。

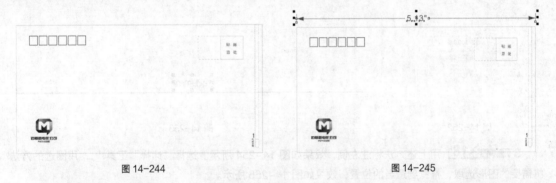

图 14-244　　　　　　　　　　　　图 14-245

**STEP 15** 在属性栏中单击"文本位置"按钮 ，在弹出的面板中选择需要的选项，如图 14-246 所示。单击"延伸线"按钮 ，在弹出的面板中进行设置，如图 14-247 所示。单击"双箭头"右侧的按钮，在弹出的面板中选择需要的箭头形状，如图 14-248 所示，效果如图 14-249 所示。

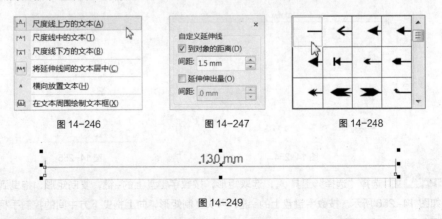

图 14-246　　　　　　　图 14-247　　　　　　　图 14-248

图 14-249

**STEP 16** 选择"选择"工具 ，选取标注线，填充轮廓色为黑色，效果如图 14-250 所示。选取数值，在属性栏中选取适当的字体并设置文字大小，填充为黑色。选择"文本"工具 ，选取并修改需要的文字，效果如图 14-251 所示。

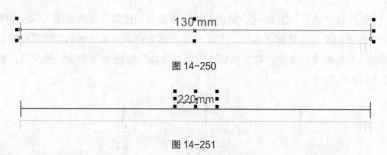

图 14-250

图 14-251

**STEP 17** 保持文字的选取状态，在"对象属性"泊坞窗中，选项的设置如图 14-252 所示，按 Enter 键，效果如图 14-253 所示。

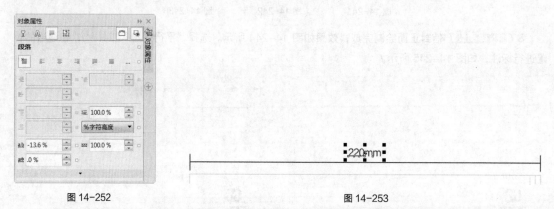

图 14-252                                          图 14-253

**STEP 18** 用上述方法标注左侧，效果如图 14-254 所示。选择"选择"工具 ，用圈选的方法 将需要的图形选取，拖曳到适当的位置，效果如图 14-255 所示。

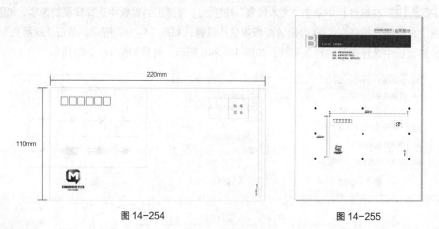

图 14-254                              图 14-255

**STEP 19** 选择"选择"工具 ，选取矩形，按数字键盘上的+键，复制矩形，拖曳到适当的位 置，效果如图 14-256 所示。按数字键盘上的+键，再次复制矩形，向上拖曳下方中间的控制手柄到适当的 位置，效果如图 14-257 所示。

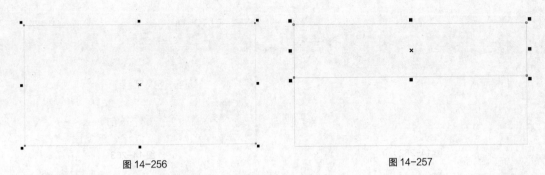

图 14-256　　　　　　　　　　　　　　　　　　图 14-257

**STEP 20** 选择"矩形"工具 □，绘制一个矩形，在属性栏中单击"圆角半径" 框中间的"同时编辑所有角"按钮 🔒，使其处于解锁状态。在"左下角"和"右下角"框中设置数值为 5mm，按 Enter 键，效果如图 14-258 所示。

**STEP 21** 保持图形的选取状态，设置图形颜色的 CMYK 值为 0、0、0、10，填充图形，设置轮廓线颜色的 CMYK 值为 0、0、0、20，填充轮廓线，效果如图 14-259 所示。

图 14-258　　　　　　　　　　　　　　　　　　图 14-259

**STEP 22** 按 Ctrl+Q 组合键，转换为曲线。选择"形状"工具 ⬦，在适当的位置双击鼠标添加节点，如图 14-260 所示。用圈选的方法将需要的节点同时选取，拖曳到适当的位置，效果如图 14-261 所示。

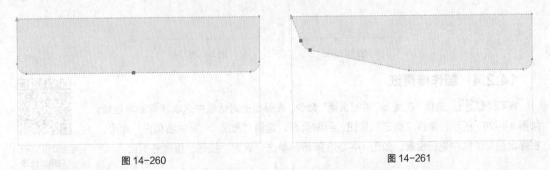

图 14-260　　　　　　　　　　　　　　　　　　图 14-261

**STEP 23** 用上述方法将右侧的节点拖曳到适当的位置，效果如图 14-626 所示。选取下方的节点，单击属性栏中的"转换为曲线"按钮 ⌐，将其转换为曲线点。选取左侧最下方的节点，单击属性栏中的"转换为曲线"按钮 ⌐，将其转换为曲线点，效果如图 14-263 所示。

**STEP 24** 选择"形状"工具 ⬦，拖曳需要的控制点到适当的位置，效果如图 14-264 所示。用相同的方法将其他控制点拖曳到适当的位置，效果如图 14-265 所示。

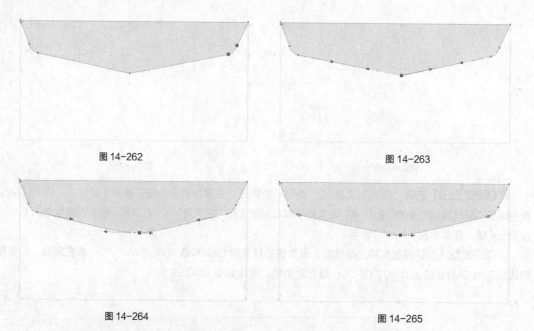

图 14-262　　　　　　　　　　　　　图 14-263

图 14-264　　　　　　　　　　　　　图 14-265

**STEP 25** 选择"选择"工具 ，用圈选的方法将信封背面拖曳到适当的位置，如图 14-266 所示，按 Shift+PageDown 组合键，将图层置于底层。五号信封制作完成，效果如图 14-267 所示。

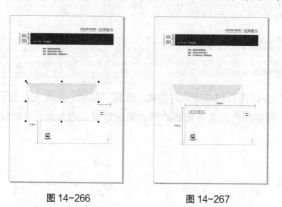

图 14-266　　　　　　　　　图 14-267

## 14.2.4　制作传真纸

**STEP 1** 选择"布局 > 再制页面"命令，在弹出的对话框中选取需要的单选项，如图 14-268 所示，单击"确定"按钮，再制页面。选择"布局 > 重命名页面"命令，在弹出的对话框中进行设置，如图 14-269 所示，单击"确定"按钮，重命名页面。

电影公司 VI 设计
应用部分 3

图 14-268

图 14-269

**STEP 2** 选择"选择"工具 ，选取不需要的图形，如图 14-270 所示，按 Delete 键，将其删除。选择"文本"工具 ，选取文字并将其修改，效果如图 14-271 所示。选择"文本"工具 ，选取文本框内的文字并将其修改，效果如图 14-272 所示。

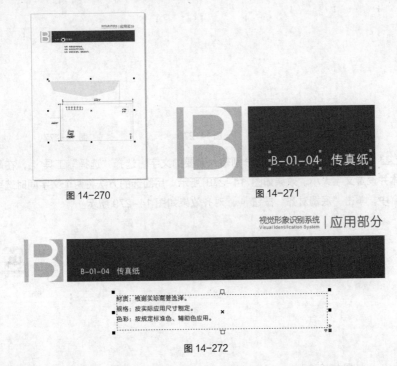

图 14-270          图 14-271

图 14-272

**STEP 3** 选择"矩形"工具 ，在适当的位置绘制矩形，设置轮廓线颜色的 CMYK 值为 0、0、0、20，填充图形轮廓线，效果如图 14-273 所示。按 Ctrl+O 组合键，弹出"打开绘图"对话框，选择本书配套资源包中的"Ch03 > 效果 > 电影公司标志设计 > 电影公司标志"文件，单击"打开"按钮，打开文件。选取标志图形，按 Ctrl+C 组合键，复制图形。返回正在编辑的页面，按 Ctrl+V 组合键，粘贴图形。选择"选择"工具 ，将其拖曳到适当的位置并调整其大小，效果如图 14-274 所示。

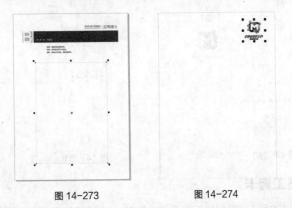

图 14-273          图 14-274

**STEP 4** 选择"2 点线"工具 ，按住 Shift 键的同时，在适当的位置绘制直线。设置轮廓线颜色的 CMYK 值为 0、0、0、20，填充直线，效果如图 14-275 所示。选择"选择"工具 ，按住 Shift 键的同时，将直线垂直向下拖曳到适当的位置并单击鼠标右键，复制直线，效果如图 14-276 所示。按住 Ctrl

键的同时，连续点按 D 键，再制出多条直线，效果如图 14-277 所示。

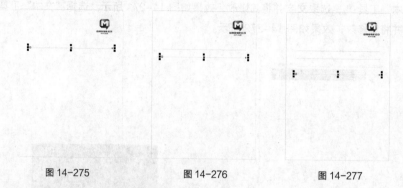

图 14-275　　　　　　　　　图 14-276　　　　　　　　　图 14-277

**STEP 5** 选择"文本"工具 ，分别输入需要的文字。选择"选择"工具 ，在属性栏中分别选取适当的字体并设置文字大小，效果如图 14-278 所示。用圈选的方法将两个文字同时选取，在"对齐与分布"泊坞窗中，单击"底端对齐"按钮 ，对齐效果如图 14-279 所示。

图 14-278　　　　　　　　　　　　　　　　图 14-279

**STEP 6** 用相同的方法输入下方的文字，效果如图 14-280 所示。选择"文本"工具 ，在适当的位置输入需要的文字。选择"选择"工具 ，在属性栏中选取适当的字体并设置文字大小，效果如图 14-281 所示。传真纸制作完成，效果如图 14-282 所示。

图 14-280　　　　　　　　图 14-281　　　　　　　　图 14-282

## 14.2.5　制作员工胸卡

**STEP 1** 选择"布局 > 再制页面"命令，在弹出的对话框中选取需要的单选项，如图 14-283 所示，单击"确定"按钮，再制页面。选择"布局 > 重命名页面"命令，在弹出的对话框中进行设置，如图 14-284 所示，单击"确定"按钮，重命名页面。

图 14-283　　　　　　　　　　　　　图 14-284

**STEP2** 选择 "选择" 工具 ，选取不需要的图形，如图 14-285 所示，按 Delete 键，将其删除。选择 "文本" 工具 ，选取文字并将其修改，效果如图 14-286 所示。选择 "文本" 工具 ，选取文本框内的文字并将其修改，效果如图 14-287 所示。

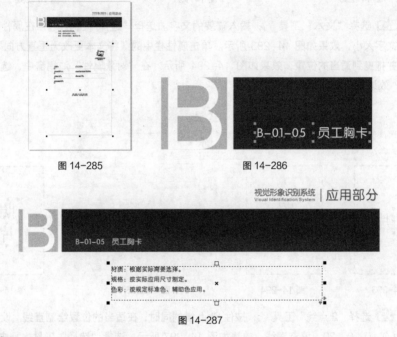

图 14-285　　　　　　　　　　　　　图 14-286

图 14-287

**STEP3** 选择 "矩形" 工具 ，绘制一个矩形，在属性栏中的 "圆角半径" 框中进行设置，如图 14-288 所示，效果如图 14-289 所示。

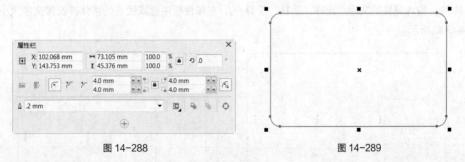

图 14-288　　　　　　　　　　　　　图 14-289

**STEP4** 选择 "矩形" 工具 ，在适当的位置绘制一个矩形，如图 14-290 所示。在 "对象属性" 泊坞窗中，单击 "线条样式" 选项右侧的按钮，在弹出的面板中选择需要的样式，如图 14-291 所示，效果如图 14-292 所示。

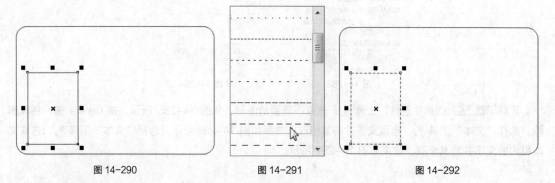

图 14-290          图 14-291          图 14-292

**STEP 5** 选择"文本"工具 字，输入需要的文字。选择"选择"工具 ，在属性栏中选取适当的字体并设置文字大小，效果如图 14-293 所示。单击属性栏中的"将文本更改为垂直方向"按钮 ，垂直排列文字，并拖曳到适当的位置，效果如图 14-294 所示。在"对象属性"泊坞窗中，选项的设置如图 14-295 所示，效果如图 14-296 所示。

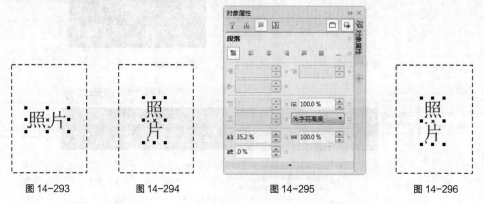

图 14-293          图 14-294          图 14-295          图 14-296

**STEP 6** 选择"2 点线"工具 ，按住 Shift 键的同时，在适当的位置绘制直线。设置轮廓线颜色的 CMYK 值为 0、0、0、20，填充直线，效果如图 14-297 所示。选择"选择"工具 ，按住 Shift 键的同时，将直线垂直向下拖曳到适当的位置并单击鼠标右键，复制直线，效果如图 14-298 所示。

**STEP 7** 按住 Ctrl 键的同时，连续点按 D 键，再制出多条直线，效果如图 14-299 所示。选择"文本"工具 字，输入需要的文字。选择"选择"工具 ，在属性栏中选取适当的字体并设置文字大小，效果如图 14-300 所示。

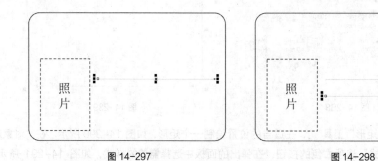
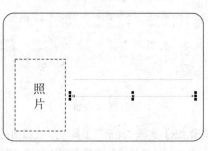

图 14-297          图 14-298

图 14-299

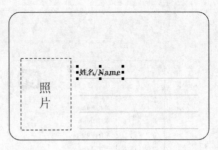

图 14-300

**STEP 8** 用相同的方法输入其他文字,效果如图 14-301 所示。选择"选择"工具 ,用圈选的方法将文字同时选取,在"对齐与分布"泊坞窗中,单击"左对齐"按钮 ,对齐效果如图 14-302 所示。

图 14-301

图 14-302

**STEP 9** 按 Ctrl+O 组合键,弹出"打开绘图"对话框,选择本书配套资源包中的"Ch03 > 效果 > 电影公司标志设计 > 电影公司标志"文件,单击"打开"按钮,打开文件。选取标志图形,按 Ctrl+C 组合键,复制图形。返回正在编辑的页面,按 Ctrl+V 组合键,粘贴图形。选择"选择"工具 ,将其拖曳到适当的位置并调整其大小,效果如图 14-303 所示。

**STEP 10** 选择"矩形"工具 ,绘制一个矩形,在属性栏中的"圆角半径" 框中设置数值为 3mm,按 Enter 键,效果如图 14-304 所示。

图 14-303

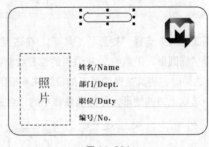

图 14-304

**STEP 11** 选择"矩形"工具 ,绘制一个矩形,填充为白色,设置轮廓线颜色的 CMYK 值为 0、0、0、40,填充轮廓线,效果如图 14-305 所示。选择"椭圆形"工具 ,按住 Ctrl 键的同时,在适当的位置绘制圆形,如图 14-306 所示。

**STEP 12** 选择"选择"工具 ,按数字键盘上的+键,复制圆形,按住 Shift 键的同时,等比例缩小图形,效果如图 14-307 所示。

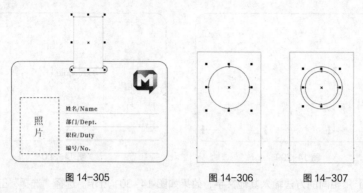

图 14-305　　　　　图 14-306　　　　　图 14-307

**STEP 13** 选择"选择"工具 ，用圈选的方法将两个圆形同时选取，单击属性栏中的"移除前面对象"按钮 ，效果如图 14-308 所示。按 F11 键，弹出"编辑填充"对话框，选择"渐变填充"按钮 ，在"节点位置"选项中分别添加并输入 0、51、100 几个位置点，分别设置几个位置点颜色的 CMYK 值为 0（0、0、0、80）、51（0、0、0、0）、100（0、0、0、70），将下方两个三角图标的"节点位置"分别设为 19%、39%，其他选项的设置如图 14-309 所示。单击"确定"按钮，填充图形，并去除图形的轮廓线，效果如图 14-310 所示。

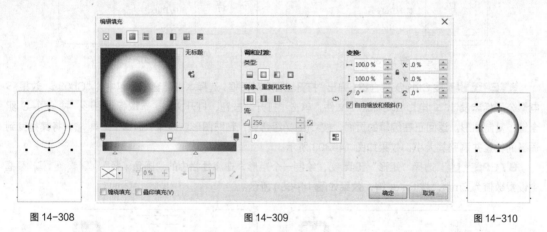

图 14-308　　　　　　　　　图 14-309　　　　　　　　　图 14-310

**STEP 14** 选择"矩形"工具 ，在适当的位置绘制一个矩形，填充为白色，效果如图 14-311 所示。选择"椭圆形"工具 ，在适当的位置绘制椭圆形，如图 14-312 所示。选择"选择"工具 ，按住 Shift 键的同时，将其拖曳的适当的位置并单击鼠标右键，复制椭圆形，如图 14-313 所示。按住 Shift 键的同时，选取上方的矩形，单击属性栏中的"合并"按钮 ，合并图形，效果如图 14-314 所示。

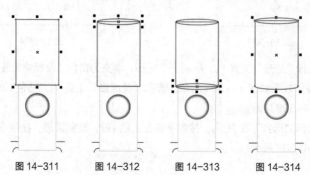

图 14-311　　　　图 14-312　　　　图 14-313　　　　图 14-314

**STEP 15** 按 F11 键，弹出"编辑填充"对话框，选择"渐变填充"按钮，在"节点位置"选项中分别添加并输入 0、17、40、84、100 几个位置点，分别设置几个位置点颜色的 CMYK 值为 0（0、0、0、80）、17（73、71、71、35）、40（0、0、0、0）、84（0、0、0、0）、100（0、0、0、60），其他选项的设置如图 14-315 所示。单击"确定"按钮，填充图形，并去除图形的轮廓线，效果如图 14-316所示。

图 14-315 图 14-316

**STEP 16** 选择"选择"工具，选取上方的椭圆形，选择"属性滴管"工具，在下方的图形上单击吸取属性，如图 14-317 所示，光标变为填充图形，在椭圆形上单击鼠标，如图 14-318 所示，填充效果如图 14-319 所示。

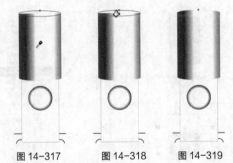

图 14-317 图 14-318 图 14-319

**STEP 17** 按 F11 键，弹出"编辑填充"对话框，选择"渐变填充"按钮，在弹出的对话框中单击"反转填充"按钮，如图 14-320 所示，单击"确定"按钮，效果如图 14-321 所示。

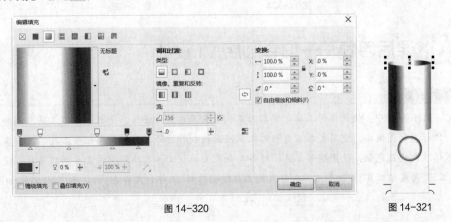

图 14-320 图 14-321

**STEP 18** 选择"选择"工具 ，用圈选的方法将需要的胸卡图形同时选取，按数字键盘上的+键，复制图形，并拖曳到适当的位置。选取不需要的图形和文字，如图 14-322 所示。按 Delete 键，删除不需要的图形，如图 14-323 所示。

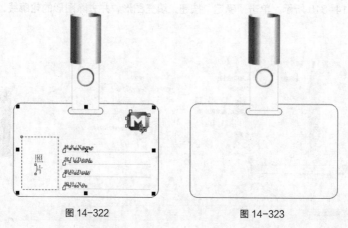

图 14-322 图 14-323

**STEP 19** 按 Ctrl+O 组合键，弹出"打开绘图"对话框，选择本书配套资源包中的"Ch03 > 效果 > 电影公司标志设计 > 电影公司标志"文件，单击"打开"按钮，打开文件。选取标志和文字，按 Ctrl+C 组合键，复制图形。返回正在编辑的页面，按 Ctrl+V 组合键，粘贴图形。选择"选择"工具 ，将其拖曳到适当的位置并调整其大小，效果如图 14-324 所示。员工胸卡制作完成，效果如图 14-325 所示。

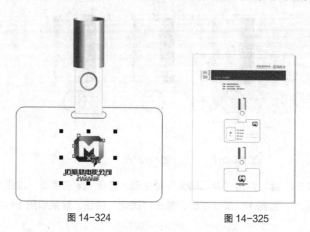

图 14-324 图 14-325

## 14.3 课后习题——伯仑酒店 VI 设计

**习题知识要点**

在 CorelDRAW 中，使用矩形工具、文本工具和形状工具制作模板，使用 2 点线工具、调和工具和变换命令制作标志制图网格，使用文本工具和对象属性面板制作注释文字，使用矩形工具、文本工具和填充命令制作标准色块及色值，使用矩形工具、对齐与分布面板、文本工具和标注工具制作名片，使用矩形工具、调和工具、贝塞尔工具、椭圆形工具和 2 点线工具绘制信封、纸杯和文件夹。伯仑酒店 VI 效果如图 14-326 所示。

效果所在位置

资源包/Ch14/效果/伯仑酒店 VI 设计/VI 设计.cdr。

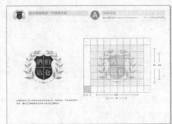

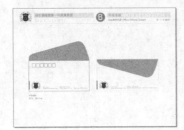
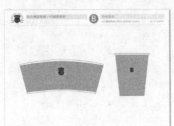
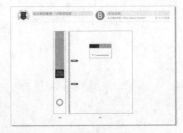

图 14-326

伯仑酒店 VI 设计 1

伯仑酒店 VI 设计 2

伯仑酒店 VI 设计 3